MANUAL DO ANALISTA AMBIENTAL: CONHECIMENTOS TÉCNICOS E LEGAIS

VICENTE BERTIMES DI BERNARDI LOPES

Copyright © 2023 Vicente Bertimes Di Bernardi Lopes

Todos os direitos reservados.

ISBN: 979-8634070667

Sumário

1 APRESENTAÇÃO 6
2 ANÁLISE AMBIENTAL: CONHECIMENTOS TÉCNICOS 9
   2.1 A FORMAÇÃO PROFISSIONAL 9
   2.2 O DIAGNÓSTICO AMBIENTAL 24
      2.2.1 O Meio Físico 28
      2.2.2 O Meio Biótico 38
      2.2.3 O Meio Antrópico 40
   2.3 O GEOPROCESSAMENTO 46
   2.4 AS AVALIAÇÕES DE IMPACTOS AMBIENTAIS 49
   2.5 OS PROGRAMAS E SISTEMAS DE GESTÃO AMBIENTAL 56
   2.6 TECNOLOGIAS AMBIENTAIS 64
   2.7 EDUCAÇÃO AMBIENTAL 67
3 ANÁLISE AMBIENTAL: CONHECIMENTOS LEGAIS 79
   3.1 A POLÍTICA NACIONAL DO MEIO AMBIENTE 80
      3.1.1 Lei nº 6.938 de 31 de agosto de 1981. 80
   3.2 ÁREAS E POPULAÇÕES PROTEGIDAS 80
      3.2.1 Lei nº 12.651 de 25 de maio de 2012. 81
      3.2.2 Lei nº 9.985 de 18 de julho de 2000. 82
      3.2.3 Lei nº 11.428 de 22 de dezembro de 2006. 82
      3.2.4 Decreto nº 6.660 de 22 de dezembro de 2006. .. 82
      3.2.5 Lei nº 7.661 de 16 de maio de 1988. 83
      3.2.6 Decreto nº 10.935 de 12 de janeiro de 2022. 83

3.2.7 Resolução CONAMA nº 347 de 10 de setembro de 2004. 83

3.2.8 Lei nº 9.966, de 28 de abril de 2000. 84

3.2.9 Lei nº 3.924, de 26 de julho de 1961. 84

3.2.10 Lei nº 6.001 de 19 de dezembro de 1973...........85

3.2.11 Decreto nº 1.775 de 8 de janeiro de 1996. 85

3.2.12 Decreto nº 4.887 de 20 de novembro de 2003. 85

3.2.13 Decreto nº 6.040 de 7 de fevereiro de 2007. 86

3.2.14 Lei nº 9.760 de 5 de setembro de 1946.............86

3.2.15 Lei nº 6.766 de 19 de dezembro de 1979..........86

3.2.16 Lei nº 10.257 de 10 de julho de 2001................87

3.2.17 lei nº 12.587, de 3 de janeiro de 2012. 87

3.2.18 Lei nº 13.146, de 6 de julho de 2015. 88

3.2.19 Lei nº 13.465, de 11 de julho de 2017...............88

3.3 LICENCIAMENTO AMBIENTAL.........................90

3.3.1 Lei 6.938 de 31 de agosto de 1981. 90

3.3.2 Resolução CONAMA nº 01 de 23 de janeiro de 1986. 90

3.3.3 Resolução CONAMA nº 237, de 19 de dezembro de 1997. 91

3.3.4 Lei nº 140 de 8 de dezembro de 2011..................91

3.3.5 Decreto nº 8.437 de 22 de abril de 2015. 92

3.3.6 Portaria Interministerial n.º 60, de 24 de março de 2015. 92

3.3.7 Instrução Normativa IPHAN nº 001 de 25 de março de 2015. 93

3.3.8 Instrução Normativa nº 01, de 31 de outubro de 2018. 93

3.4 GESTÃO DE RESÍDUOS SÓLIDOS 94

3.4.1 Lei nº 12.305, de 2 de agosto de 2010.................94

3.4.2 Decreto n° 10.936 de 12 de janeiro de 2022. 94

3.4.3 Decreto nº 10.240 de 12 de fevereiro de 2020. ...95

3.5 GESTÃO DE RESÍDUOS LÍQUIDOS....................95

3.5.1 Lei nº 9.433, de 8 de janeiro de 1997. 95

3.5.2 Resolução CONAMA nº 357, de 17 de março de 2005.................96

3.5.3 Resolução CONAMA nº 396 de 3 de abril de 2008.................96

3.6 GESTÃO DE RESÍDUOS ATMOSFÉRICOS 96

3.6.1 Resolução CONAMA nº 5, de 15 de junho de 1989.................97

3.6.2 Resolução CONAMA nº 3, de 28 de junho de 1990.................97

3.6.3 Resolução CONAMA nº 491, de 19 de novembro de 2018.................98

3.7 EDUCAÇÃO AMBIENTAL.................98

3.7.1 Lei nº 9.795 de 27 de abril de 1999. 98

3.7.2 Decreto n° 4.281 de 25 de junho de 2002. 98

3.8 CRIMES AMBIENTAIS 99

3.8.1 Lei nº 9.605, de 12 de fevereiro de 1998. 99

4 CONSIDERAÇÕES FINAIS.................100

5 REFERÊNCIAS 102

6 SOBRE O AUTOR.................113

1 APRESENTAÇÃO

Este Manual do Analista Ambiental: conhecimentos técnicos e legais foi desenvolvido com base em sólida experiência na área de Consultoria Ambiental adquirida ao longo de 8 anos e mais de 170 Anotações de Responsabilidade Técnica – ART. Seu início se deu com o propósito de criar um material de apoio fundamental e de consulta diária do Analista Ambiental que pudesse ser impresso e utilizado em qualquer lugar e quando fosse necessário. A princípio, iríamos apenas incluir as principais leis e decretos que devem ser de conhecimento nato deste profissional para estar sempre revisando e depois, vimos a possibilidade de ampliar sua utilização para servir de apoio também aos Analistas Ambientais que estão iniciando nessa jornada profissional e não apenas aos antigos, que já conhecem a fundo o mercado e necessitam, as vezes, mais do que a parte técnica, revisar seus conhecimentos legais.

Este material tornou-se, portanto, um documento completo de bases sólidas aportando tudo o que um Analista Ambiental necessita ter de saberes fundamentais para se tornar um excelente profissional nessa área. Obviamente, neste manual não constam todos os saberes específicos de cada área de formação ambiental, estas são adquiridas através dos cursos de Graduação ou Técnicos, mas sim, consta o que cada profissional de cada área ambiental necessita saber, entender acerca de sua atuação neste mercado de Consultoria Ambiental, o que poderá ou não exercer, como deverá fazer, o que necessita aprender, se aprimorar como um profissional de Análise Ambiental.

Cerca das legislações, estas são fundamentais para o Analista Ambiental. Um Analista Ambiental que não domina a legislação de sua área de atuação será descartado deste cenário visto que será de sua rotina diária, firmar responsabilidade técnica e declarar o que pode ou não ser feito em um determinado lugar, dentro de sua esfera de atuação, seja um Biólogo, um Geógrafo, Engenheiro, etc., com base na legislação regulamentadora. Portanto, na segunda parte deste manual, elaboramos com base em nossa larga experiência, um levantamento extensivo de todas as principais leis e normas de gestão socioambiental consideradas por nós fundamentais para o profissional Analista Ambiental!

Um bom profissional deve estar sempre pronto para orientar o seu cliente de forma correta, passando informações reais, objetivas com relação à ocupação e uso do solo. Uma orientação equivocada por parte do profissional Analista Ambiental contratado, pode levar a grandes problemas, crimes ambientais e a responsabilidade poderá ser direcionada ao profissional que prestou consultoria ambiental de forma errônea, pois não conhecia determinado artigo regulamentador/normativo dentro da sua área de atuação profissional.

Este documento se divide, portanto, em dois capítulos principais. No primeiro estão os saberes técnicos necessários para a formação e desenvolvimento de um excelente profissional de Análise Ambiental e no segundo, as principais leis e normas que devem ser de conhecimento deste profissional, ou seja, seus saberes legais.

Lançamos este tratado ao campo de batalha para servir de base a amplo leque de profissionais ambientais que se formam completamente despreparados para o cenário profissional ao que deveriam ter sido formados, mas não foram.

2 ANÁLISE AMBIENTAL: CONHECIMENTOS TÉCNICOS

Os conhecimentos que compõe os saberes técnicos dos profissionais de Consultoria Ambiental, ou seja, dos Analistas Ambientais são apresentados neste capítulo. Estes foram divididos em áreas: 1 - Formação Profissional; 2 - Diagnóstico Ambiental; 3 - Geoprocessamento; 4 - Avaliações de Impactos Ambientais; 5 - Programas e Sistemas de Gestão Ambiental; 6 - Tecnologias Ambientais; 7 - Educação Ambiental.

2.1 A FORMAÇÃO PROFISSIONAL

Analista Ambiental é a profissão comumente registrada em Carteira dos profissionais de diversas áreas que atuam na área de Consultoria Ambiental. As principais formações de nível superior que compõe esta categoria profissional são: Geografia, Biologia, Geologia, Oceanografia, Meteorologia, Engenharia Ambiental, Sanitária, Florestal e Agronômica, Gestão Ambiental. E de nível médio: Técnico em Meteorologia e Ambiental. No Brasil, as empresas costumam dividir essa área em duas:

uma para os profissionais de nível médio ou técnico e registrar o profissional como Técnico Ambiental e outra para os profissionais da área ambiental de nível superior, e registra-los como Analistas Ambientais, mas o sindicato trabalhista é o mesmo para os dois.

A profissão do Analista Ambiental não possui um único Conselho Profissional Representativo, possui diversos. Os Geógrafos, Geólogos, Meteorologistas, Engenheiros Agrônomos, Florestais, Sanitaristas e Ambientais são representados pelo Conselho Regional de Engenharia e Agronomia - CREA, os Biólogos pelo Conselho Regional de Biologia - CRBio e os Gestores Ambientais, pelo Conselho Regional de Química - CRQ. Os Oceanógrafos ainda não possuem Conselho Profissional.

Atualmente, com a Lei nº 13.639 de 2018, os técnicos possuem um único Conselho Representativo, o Conselho Federal dos Técnicos Industriais - CFT.

A faixa salarial do Analista Ambiental fica entre R$ 2.208,00 (média do piso salarial 2019 de convenções coletivas e dissídios), R$ 2.208,00 (salário mediana da amostragem) e o teto salarial de R$ 4.354,06, levando em conta profissionais contratados com carteira assinada em regime CLT a nível nacional.

A faixa salarial do Técnico Ambiental fica entre R$ 1.100,00 (média do piso salarial 2019 de convenções coletivas e dissídios), R$ 1.597,00 (salário mediana da amostragem) e o teto salarial de R$ 3.118,00, levando em conta profissionais contratados com carteira assinada em regime CLT a nível nacional.

Algumas destas profissões já possuem legislação específica que determina quais são suas atribuições técnicas, outras dependem apenas do seu Conselho Profissional para delimitar sua área de atuação. Outras, como o é o caso da Oceanografia, não possuem Conselho ainda, mas já possuem lei.

O profissional Geógrafo possui a legislação n°6.664 de 1979, regulamentada pelo Decreto n° 85.138 de 1980, as quais determinam suas atribuições no Art. 3°:

> Art. 3° - É da competência do Geógrafo o exercício das seguintes atividades e funções a cargo da União, dos Estados, dos Territórios e dos Municípios, das entidades autárquicas ou de economia mista e particulares:
> I - reconhecimentos, levantamentos, estudos e pesquisas de caráter físico-geográfico, biogeográfico, antropogeográfico e geoeconômico e as realizadas nos campos gerais e

especiais da Geografia, que se fizerem necessárias:
a) na delimitação e caracterização de regiões e sub-regiões geográficas naturais e zonas geoeconômicas, para fins de planejamento e organização físico-espacial;
b) no equacionamento e solução, em escala nacional, regional, ou local, de problemas atinentes aos recursos naturais do País;
c) na interpretação das condições hidrológicas das bacias fluviais;
d) no zoneamento geohumano, com vistas aos planejamentos geral e regional;
e) na pesquisa de mercado e intercâmbio comercial em escala regional e inter-regional;
f) na caracterização ecológica e etológica da paisagem geográfica e problemas conexos;
g) na política de povoamento, migração interna, imigração e colonização de regiões novas ou de revalorização de regiões de velho povoamento;
h) no estudo físico-cultural dos setores geoeconômicos destinados ao planejamento da produção;
i) na estruturação ou reestruturação dos sistemas de circulação;
j) no estudo e planejamento das bases física e geoeconômica dos núcleos urbanos e rurais;
l) no aproveitamento,

desenvolvimento e preservação dos recursos naturais;
m) no levantamento e mapeamento destinado à solução dos problemas regionais;
n) na divisão administrativa da União, dos Estados, dos Territórios e dos Municípios;
II - a organização de congressos, comissões, seminários, simpósios e outros tipos de reuniões, destinados ao estudo e à divulgação da Geografia.

Com base nesta legislação e na Grade Curricular do Curso de Formação, o CREA elenca as diversas atividades que este profissional pode exercer frente à sociedade e emitir as suas Anotações de Responsabilidade Técnica – ART.

O profissional Biólogo possui a legislação nº 6.684 de 1979, regulamentada pelo Decreto nº 88.438 de 1983, as quais determinam suas atribuições no Art. 3º

Art. 3º Sem prejuízo do exercício das mesmas atividades por outros profissionais igualmente habilitados na forma da legislação específica, o Biólogo poderá:
I - formular e elaborar estudo, projeto ou pesquisa científica básica e aplicada, nos vários setores da Biologia ou a ela ligados, bem como

os que se relacionem à preservação, saneamento e melhoramento do meio ambiente, executando direta ou indiretamente as atividades resultantes desses trabalhos;

II - orientar, dirigir, assessorar e prestar consultoria a empresas, fundações, sociedades e associações de classe, entidades autárquicas, privadas ou do poder público, no âmbito de sua especialidade;

III - realizar perícias e emitir e assinar laudos técnicos e pareceres de acordo com o currículo efetivamente realizado.

O profissional Geólogo possui a legislação nº 4.076 de 1962, onde em seu Art. 6º dispõe sobre suas atribuições:

Art. 6º São da competência do geólogo ou engenheiro geólogo:
a) trabalhos topográficos e geodésicos;
b) levantamentos geológicos, geoquímicos e geofísicos;
c) estudos relativos a ciências da terra;
d) trabalhos de prospecção e pesquisa para cubação de jazidas e determinação de seu valor econômico;
e) ensino das ciências geológicas nos estabelecimentos de ensino secundário e superior;

f) assuntos legais relacionados com suas especialidades;

g) perícias e arbitramentos referentes às matérias das alíneas anteriores.

Parágrafo único. É também da competência do geólogo ou engenheiro-geólogo o disposto no item IX artigo 16, do Decreto-lei n° 1.985, de 29 de janeiro de 1940 (Código de Minas).

Os Engenheiros possuem a legislação n°5.194 de 1966, as quais determinam suas atribuições no Art. 7°:

Art. 7° As atividades e atribuições profissionais do engenheiro, do arquiteto e do engenheiro-agrônomo consistem em:

a) desempenho de cargos, funções e comissões em entidades estatais, paraestatais, autárquicas, de economia mista e privada;

b) planejamento ou projeto, em geral, de regiões, zonas, cidades, obras, estruturas, transportes, explorações de recursos naturais e desenvolvimento da produção industrial e agropecuária;

c) estudos, projetos, análises, avaliações, vistorias, perícias, pareceres e divulgação técnica;

d) ensino, pesquisas, experimentação e ensaios;

e) fiscalização de obras e serviços técnicos;

f) direção de obras e serviços técnicos;

g) execução de obras e serviços técnicos;

h) produção técnica especializada, industrial ou agropecuária.

Os Meteorologistas possuem a legislação nº 6.835 de 1980. Em seu Art. 7º estão suas atribuições:

Art. 7º São atribuições do Meteorologista:

a) dirigir órgãos, serviços, seções, grupos ou setores de Meteorologia em entidade pública ou privada;

b) julgar e decidir sobre tarefas científicas e operacionais de Meteorologia e respectivos instrumentais;

c) pesquisar, planejar e dirigir a aplicação da Meteorologia nos diversos campos de sua utilização;

d) executar previsões meteorológicas;'

e) executar pesquisas em Meteorologia;

f) dirigir, orientar e controlar projetos científicos em Meteorologia;

g) criar, renovar e desenvolver técnicas, métodos e instrumental em trabalhos de Meteorologia;

h) introduzir técnicas, métodos e instrumental em trabalhos de Meteorologia;

i) pesquisar e avaliar recursos naturais na atmosfera;

j) pesquisar e avaliar modificações artificiais nas características do tempo;

l) atender a consultas meteorológicas e suas relações com outras ciências naturais;

m) fazer perícias, emitir pareceres e fazer divulgação técnica dos assuntos referidos nas alíneas anteriores.

O profissional Oceanógrafo possui a Lei nº 11.760 de 31 de julho de 2008, a qual em seu Art. 3º expõe suas atribuições:

Art. 3º Os Oceanógrafos, sem prejuízo do exercício das mesmas atividades por outros profissionais, igualmente habilitados na forma da legislação vigente, poderão:

I – formular, elaborar, executar, fiscalizar e dirigir estudos, planejamento, projetos e/ou pesquisas científicas básicas e aplicadas, interdisciplinares ou não, que visem ao conhecimento e à utilização racional do meio marinho, em todos os seus domínios, realizando, direta ou indiretamente:

a) levantamento, processamento e interpretação das condições físicas, químicas, biológicas e geológicas do meio marinho, suas interações, bem como a previsão do comportamento desses parâmetros e dos fenômenos a eles relacionados;

b) desenvolvimento e aplicação de métodos, processos e técnicas de exploração, explotação, beneficiamento e controle dos recursos marinhos;

c) desenvolvimento e aplicação de métodos, processos e técnicas de preservação, monitoramento e gerenciamento do meio marinho;

d) desenvolvimento e aplicação de métodos, processos e técnicas oceanográficas relacionadas às obras, instalações, estruturas e quaisquer empreendimentos na área marinha;

II – orientar, dirigir, assessorar e prestar consultoria a empresas, fundações, sociedades e associações de classe, entidades autárquicas, privadas ou do poder público;

III – realizar perícias, emitir e assinar pareceres e laudos técnicos;

IV – dirigir órgãos, serviços, seções, grupos ou setores de oceanografia em entidades

> autárquicas, privadas ou do poder público.
> Parágrafo único. Compete igualmente aos Oceanógrafos, ainda que não privativo ou exclusivo, o exercício de atividades ligadas à limnologia, aquicultura, processamento e inspeção dos recursos naturais de águas interiores.

O Gestor Ambiental até a presente data ainda não possui legislação que determine quais suas atribuições, estando estas a cargo do Conselho Profissional de Química – CRQ, Conselho Profissional de Engenharia e Agronomia – CREA e Conselho Profissional de Administração - CRA.

Atuam também na área de Consultoria Ambiental em projetos específicos os Arqueólogos, Antropólogos e Sociólogos.

O Arqueólogo não possui Conselho Profissional, mas possui lei regulamentadora, a Lei nº 13.653 de 18 de abril de 2018, a qual em seu Art. 3º expõe suas atribuições:

> Art. 3º São atribuições do arqueólogo:
> I - planejar, organizar, administrar, dirigir e supervisionar as atividades de pesquisa arqueológica;

II - identificar, registrar, prospectar e escavar sítios arqueológicos, bem como proceder ao seu levantamento;

III - executar serviços de análise, classificação, interpretação e informação científicas de interesse arqueológico;

IV - zelar pelo bom cumprimento da legislação que trata das atividades de Arqueologia no País;

V - chefiar, supervisionar e administrar os setores de Arqueologia nas instituições governamentais da Administração Pública direta e indireta, bem como em órgãos particulares;

VI - prestar serviços de consultoria e assessoramento na área de Arqueologia;

VII - realizar perícias destinadas a apurar o valor científico e cultural de bens de interesse arqueológico, assim como sua autenticidade;

VIII - orientar, supervisionar e executar programas de formação, aperfeiçoamento e especialização de pessoas habilitadas na área de Arqueologia;

IX - orientar a realização, na área de Arqueologia, de seminários, colóquios, concursos e exposições de âmbito nacional ou internacional, fazendo-se neles representar;

X - elaborar pareceres relacionados a assuntos de interesse na área de Arqueologia;

XI - coordenar, supervisionar e chefiar projetos e programas na área de Arqueologia.

Os Sociólogos igualmente não possuem Conselho, mas possuem a lei n° 6.888, de 10 de dezembro de 1980, a qual em seu art. 2° expõe suas atribuições:

I - elaborar, supervisionar, orientar, coordenar, planejar, programar, implantar, controlar, dirigir, executar, analisar ou avaliar estudos, trabalhos, pesquisas, planos, programas e projetos atinentes à realidade social;

II - ensinar Sociologia Geral ou Especial, nos estabelecimentos de ensino, desde que cumpridas as exigências legais;

III - assessorar e prestar consultoria a empresas, órgãos da administração pública direta ou indireta, entidades e associações, relativamente à realidade social;

IV - participar da elaboração, supervisão, orientação, coordenação, planejamento, programação, implantação, direção, controle, execução, análise ou avaliação de qualquer estudo, trabalho, pesquisa, plano, programa ou projeto global, regional ou setorial, atinente à realidade social.

Por fim, os Antropólogos não possuem lei regulamentadora nem Conselho Profissional, mas podem atuar em projetos de cunho antropológico como os estudos etnográficos, socioculturais, entre outros.

Salienta-se que em todas as profissões citadas, estes profissionais devem possuir Diplomas de Formação provenientes de Instituições de Ensino devidamente registradas no Ministério da Educação e Cultura – MEC. E com base nas grades curriculares, seus respectivos Conselhos de Profissão podem ampliar ou reduzir suas aptidões profissionais para a emissão de Anotações de Responsabilidade Técnica – ART.

Acerca dos salários, apenas os Engenheiros possuem legislação regulamentadora, cito a Lei nº4.950 de 1966, a qual em seus Art. 5º, 6º e 7º expõe qual deve ser sua remuneração:

> Art. 5º Para a execução das atividades e tarefas classificadas na alínea a do art. 3º, fica fixado o salário-base mínimo de 6 (seis) vezes o maior salário-mínimo comum vigente no País, para os profissionais relacionados na alínea

a do art. 4º, e de 5 (cinco) vezes o maior salário-mínimo comum vigente no País, para os profissionais da alínea b do art. 4º.

Art. 6º Para a execução de atividades e tarefas classificadas na alínea b do art. 3º, a fixação do salário-base mínimo será feito tomando-se por base o custo da hora fixado no art. 5º desta Lei, acrescidas de 25% as horas excedentes das 6 (seis) diárias de serviços.

Art. 7º A remuneração do trabalho noturno será feita na base da remuneração do trabalho diurno, acrescida de 25% (vinte e cinco por cento).

Os demais profissionais que possuem Conselho Representativo possuem resoluções internas que dispõe sobre suas remunerações, no entanto, estas não têm validade legal no cenário jurídico vigente.

Salienta-se ainda que, de acordo com a Política Nacional do Meio Ambiente, Lei nº 6.938/1981, torna-se obrigatório o **Cadastro Técnico Federal** de pessoas físicas ou jurídicas que se dedicam a consultoria técnica sobre problemas ecológicos e ambientais e à indústria e comércio de equipamentos, aparelhos e instrumentos destinados ao controle de atividades efetiva ou potencialmente poluidoras, sob a administração do Instituto Brasileiro do Meio Ambiente e Recursos Naturais Renováveis – IBAMA (Art. 17).

E por fim, conforme citado no início deste **item 2.1**, Analista Ambiental é a profissão comumente registrada em Carteira dos profissionais de diversas áreas que atuam na área de Consultoria Ambiental. Dentro do Mercado de Consultoria Ambiental, o Analista Ambiental irá trabalhar nos estudos e projetos ambientais vinculados ao licenciamento ambiental de empreendimentos e/ou atividades potencialmente causadoras de impactos ambientais; irá trabalhar na elaboração de Planos de Manejo de Unidades de Conservação mediante aprovação de sua empresa em editais públicos; irá prestar assistência técnica em Perícias Ambientais; irá emitir laudos técnicos vinculados a processos judiciais ou em vias processuais; irá elaborar estudos socioeconômicos vinculados ao licenciamento ambiental e urbanístico de empreendimentos; estudos de tráfego; estudos arqueológicos; estudos de planejamento territorial e ambiental, entre outros.

2.2 O DIAGNÓSTICO AMBIENTAL

É função básica do Analista Ambiental entender da formação do meio ambiente, suas interações e interdependências para que seja capaz de gerenciar de forma adequada os seus recursos. Ressalta-se alguns conceitos fundamentais provenientes da Política Nacional do Meio Ambiente, Lei nº 6.938/1981, que devem ser completamente compreendidos intelectualmente:

> Art. 3º - Para os fins previstos nesta Lei, entende-se por:
> I - meio ambiente, o conjunto de condições, leis, influências e interações de ordem física, química e biológica, que permite, abriga e rege a vida em todas as suas formas;
> II - degradação da qualidade ambiental, a alteração adversa das características do meio ambiente;
> III - poluição, a degradação da qualidade ambiental resultante de atividades que direta ou indiretamente:
> a) prejudiquem a saúde, a segurança e o bem-estar da população;
> b) criem condições adversas às atividades sociais e econômicas;
> c) afetem desfavoravelmente a biota;
> d) afetem as condições estéticas ou sanitárias do meio ambiente;

e) lancem matérias ou energia em desacordo com os padrões ambientais estabelecidos;

IV - poluidor, a pessoa física ou jurídica, de direito público ou privado, responsável, direta ou indiretamente, por atividade causadora de degradação ambiental;

V - recursos ambientais: a atmosfera, as águas interiores, superficiais e subterrâneas, os estuários, o mar territorial, o solo, o subsolo, os elementos da biosfera, a fauna e a flora. (Redação dada pela Lei nº 7.804, de 1989)

O profissional Analista Ambiental precisa dominar estes conceitos e aprender, portanto, a diagnosticar o meio ambiente corretamente.

A Resolução CONAMA nº 01/1986 que estabelece as definições, as responsabilidades, os critérios básicos e as diretrizes gerais para uso e implementação da Avaliação de Impacto Ambiental como um dos instrumentos da Política Nacional do Meio Ambiente, em seu Art. 6º orienta que o diagnóstico do meio ambiente deve se dividir em áreas, ou meios, sem deixar de lado as interações entre estes:

a) o meio físico - o subsolo, as águas, o ar e o clima, destacando os recursos minerais, a topografia, os tipos e aptidões do solo, os corpos d'água, o regime hidrológico, as correntes marinhas, as correntes atmosféricas;

b) o meio biológico e os ecossistemas naturais - a fauna e a flora, destacando as espécies indicadoras da qualidade ambiental, de valor científico e econômico, raras e ameaçadas de extinção e as áreas de preservação permanente;

c) o meio socioeconômico - o uso e ocupação do solo, os usos da água e a sócio economia, destacando os sítios e monumentos arqueológicos, históricos e culturais da comunidade, as relações de dependência entre a sociedade local, os recursos ambientais e a potencial utilização futura desses recursos.

O Analista Ambiental deve, portanto, entender sobre estes, no entanto, de acordo com a sua Formação Profissional, poderá inferir mais ou menos em cada uma destas áreas do meio ambiente.

Orienta-se ainda que o Profissional Analista Ambiental não deve ser muito teórico nem ideológico, ele não pode trabalhar na esfera das hipóteses ou das ideologias, devendo ser pragmático e objetivo, afirmando responsabilidade técnica ao dizer como funciona determinado ambiente e o que de fato irá acontecer no caso de intervenções antrópicas.

Para apoio a este profissional, recomenda-se o uso de Manuais Técnicos de Instituições Governamentais, as quais servem de base referencial de maior respaldo técnico-legal do que o uso de textos acadêmicos os quais, muitas vezes (não sempre), carecem de experiência prática (executiva) e se apoiam em hipóteses e ideologias, especialmente quando se referem ao meio ambiental. Obviamente, aqueles autores acadêmicos de grande respaldo e experiência executiva podem e devem ser utilizados como referência conceitual.

2.2.1 O Meio Físico

Consensualmente nos estudos ambientais, o meio ambiente físico é analisado nas seguintes áreas: Climatologia e Meteorologia, Hidrografia e Hidrologia, Geologia e Geomorfologia e Pedologia. Estas áreas compõe o diagnóstico ambiental do meio físico.

2.2.1.1 Climatologia e Meteorologia

Segundo o Glossário Técnico do Instituto Nacional de Pesquisas Espaciais – INPE, o tempo é definido como sendo o "conjunto de condições atmosféricas e fenômenos meteorológicos que afetam a biosfera e a superfície terrestre em um dado momento e local. Temperatura, chuva, vento, umidade, nevoeiro, nebulosidade, etc., formam o conjunto de parâmetros do tempo" (INPE, 2012). Já o conceito de clima é definido como "o estado médio e o comportamento estatístico das variáveis de tempo (temperatura, chuva, vento, etc.) sobre um período, suficientemente, longo de uma localidade" (INPE, 2012).

Tempo e Clima são fenômenos fundamentais de análise nos diagnósticos ambientais para conhecimento do meio ambiente. Instituições como o Instituto Nacional de Pesquisas Espaciais - INPE, o Instituto Nacional de Meteorologia - INMET, a Empresa Brasileira de Pesquisa Agropecuária - EMBRAPA, entre outras, fornecem amplo leque de informações para o conhecimento climático e atmosférico de um determinado lugar.

Em alguns casos, quando as intervenções antrópicas venham a interferir na qualidade atmosférica, se faz necessário a coleta de dados primários para análise e acompanhamento da qualidade do ar, sendo esta atividade comumente realizada por profissional Meteorologista, Engenheiro ou Gestor Ambiental. As análises gerais podem ser feitas por qualquer profissional da área ambiental.

As análises de qualidade do ar buscam verificar os padrões de qualidade do ar, de acordo com as normas da Resolução CONAMA nº3/1990 a qual ainda define os métodos de amostragem a serem utilizados. Ver na figura a seguir:

Figura 1: *Padrões de qualidade do ar.*

Poluente	Tempo de Amostragem	Padrão Primário ($\mu g/m^3$)	Padrão Secundário ($\mu g/m^3$)	Método de Medição
Partículas Totais em Suspensão - PTS	24 horas* / MGA	240 / 80	150 / 160	Amostrador de grandes volumes
Fumaça	24 horas* / MAA	150 / 60	100 / 40	Refletância
Partículas Inaláveis	24 horas* / MAA	150 / 50	150 / 50	Separação inercial / Filtração
Dióxido de Enxofre	24 horas* / MAA	265 / 80	100 / 40	Pararosanilina
Monóxido de Carbono	1 hora* / 8 horas*	40.000 (35 ppm) / 10.000 (9 ppm)	40.000 (35 ppm) / 10.000 (9 ppm)	Infravermelho não dispersivo
Ozônio	1 hora*	160	160	Quimiluminescência
Dióxido de Nitrogênio	1 hora* / MAA	320 / 100	190 / 100	Quimiluminescência

Fonte: CONAMA nº 3/1990; Elaboração do autor.

2.2.1.2 Hidrografia e Hidrologia

De acordo com o Thesaurus, o dicionário técnico de recursos hídricos da Agencia Nacional das Águas – ANA (2014), bacia hidrográfica e hidrologia são definidas como:

> Bacia Hidrográfica é o espaço geográfico delimitado pelo respectivo divisor de águas cujo escoamento superficial converge para seu interior sendo captado pela rede de drenagem que lhe concerne.
> Hidrologia é a ciência que trata das águas da terra, sua ocorrência, circulação e distribuição, suas propriedades químicas e físicas e sua reação com meio ambiente, incluindo sua relação com os seres vivos.

Segundo CHRISTOFOLETTI (1999), as bacias hidrográficas possuem expressividade espacial, constituindo sistemas ambientais complexos em sua estrutura, funcionamento e evolução. As bacias de drenagem são unidades fundamentais para mensuração dos indicadores geomorfológicos, para a análise da sustentabilidade ambiental baseada nas características do geossistema e o elemento socioeconômico.

É importante conhecer a resolução do Conselho Nacional dos Recursos Hídricos CNRH Nº 32, de 2003, que instituiu a Divisão Hidrográfica Nacional, em regiões hidrográficas, com a finalidade de orientar, fundamentar e implementar o Plano Nacional de Recursos Hídricos.

Os diagnósticos hidrográficos e hidrológicos comumente analisam a bacia hidrográfica, a rede de drenagem correspondente e a sua suscetibilidade a inundações, sendo esta atividade especialidade dos profissionais Geógrafos, Engenheiros Sanitaristas e Ambientais ou profissionais com Especialização *lato sensu* ou *stricto sensu* nesta área. Quando há intervenções na qualidade ambiental dos recursos hídricos, faz-se necessário análises de qualidade das águas, sendo esta atividade comumente realizada por Engenheiros, Geólogos, Gestores Ambientais ou Especialistas em Hidrologia.

As análises de qualidade da água verificam seus padrões de qualidade segundo os enquadramentos de corpos d'água e procedimentos constantes na Resolução CONAMA nº 357/2005 para as águas superficiais e a CONAMA nº396/2008 para as águas subterrâneas.

2.2.1.3 Geologia e Geomorfologia

De acordo com o Glossário Geológico do Instituto Brasileiro de Geografia e Estatística – IBGE (1999), Geologia é definida como:

> Ciência que estuda o globo terrestre desde o momento em que as rochas se formaram até o presente. Divide-se em Geologia Geral e Geologia Histórica. A Geologia Geral estuda a composição, a estrutura e os fenômenos genéticos formadores da crosta terrestre, assim como o conjunto geral de fenômenos que agem não somente na superfície, como também no interior do planeta. Por sua vez, a Geologia Histórica estuda e procura datar cronologicamente a evolução geral, as modificações estruturais, geográficas e biológicas ocorridas ao longo da história da Terra. Do ponto de vista prático, está voltada tanto a indicar os locais favoráveis e encerrar depósitos minerais úteis ao homem, como também do ponto de vista social, a fornecer informações que previnam catástrofes, sejam aquelas inerentes às causas naturais, sejam aquelas atribuídas à ação do homem sobre o meio ambiente. É também empregada direta ou indiretamente nas obras de engenharia, na construção de túneis,

barragens, estabilização de encostas etc.

Acerca da definição de Geomorfologia, de acordo com CHRISTOFOLETTI (1980) p. 1:

> Geomorfologia é a ciência que estuda as formas do relevo. As formam representam a expressão espacial de uma superfície, compondo as diferentes configurações da paisagem morfológica. É o seu aspecto visível, a sua configuração, que caracteriza o modelado topográfico de uma área.
> As formas de relevo constituem o objeto da Geomorfologia. Mas se as formas existem, é porque elas foram esculpidas pela ação de determinado processo ou grupo de processos. Podemos definir processo como sendo uma sequência de ações regulares e contínuas que se desenvolvem de maneira relativamente bem especificada e levando a um resultado determinado. Dessa maneira, há um relacionamento muito grande entre as formas e os processos; o estudo de ambos pode ser considerado como o *objetivo central* deste ramo do conhecimento, como as características fundamentais do sistema geomorfológico. As formas,

> os processos e as suas relações constituem o sistema geomorfológico, que é um sistema aberto pois recebe influências e também atua sobre outros sistemas componentes de seu universo.

O entendimento da Geologia e Geomorfologia são fundamentais para a gestão dos recursos naturais, sua ignorância pode levar a resultados desastrosos. Dentro dos componentes do meio físico, o relevo integra todos eles, tratando-se, portanto, de elemento ambiental de grande relevância para a compreensão do Analista Ambiental.

> O componente mais importante da dinâmica da superfície terrestre é o morfogênico. Os processos morfogênicos produzem instabilidade da superfície, que é um fator limitante muito importante do desenvolvimento dos seres vivos. Do ponto de vista ecológico, a morfodinâmica é uma limitação. Existe, portanto uma antinomia entre a morfodinâmica e o desenvolvimento da vida. Um dos objetivos da administração e ordenamento do meio ambiente é necessariamente, diminuir a instabilidade morfodinâmica (TRICART, 1977, p. 29).

A Geomorfologia é um campo do conhecimento que emergiu da Geografia e da Geologia, sendo especialidade, portanto, dos profissionais destas áreas. Os diagnósticos de Geologia geralmente envolvem as características físicas e mineralógicas do estrato geológico e os diagnósticos geomorfológicos a concatenação entre este substrato com os demais elementos do meio ambiente. A suscetibilidade a processos erosivos e a movimentos de massa também devem ser avaliados nestes diagnósticos.

2.2.1.4 Pedologia

A Pedologia, ou "Ciência do Solo" (IBGE, 2015) é a ciência que trata da origem, morfologia, distribuição, mapeamento e classificação dos solos (IBGE, 2004).

De acordo com o Manual Técnico de Pedologia do Instituto Brasileiro de Geografia e Estatística – IBGE em sua 3ª edição (2015), a definição mais adequada de solo é a seguinte:

> Solo é a coletividade de indivíduos naturais, na superfície da terra, eventualmente modificado ou mesmo construído pelo homem, contendo matéria orgânica viva e servindo ou sendo capaz de servir à

sustentação de plantas ao ar livre. Em sua parte superior, limita-se com o ar atmosférico ou águas rasas. Lateralmente, limita-se gradualmente com rocha consolidada ou parcialmente desintegrada, água profunda ou gelo. O limite inferior é talvez o mais difícil de definir. Mas, o que é reconhecido como solo deve excluir o material que mostre pouco efeito das interações de clima, organismos, material originário e relevo, através do tempo.

Pedologia é, portanto, o estudo do desenvolvimento do solo próximo à superfície. O perfil do solo geralmente mostra uma sequência de horizontes, que se estende de 1,5 m a 3,0 m abaixo da superfície. As propriedades destes horizontes refletem os materiais que lhe deram origem e afeta fatores ambientais tais como clima, inclinação do talude, e a vegetação sobre o processo de formação.

As características usadas para classificação dos horizontes sucessivos incluem cor, textura, espessura dos horizontes, etc. Aos solos são designados nomes especiais, frequentemente os nomes da localidade onde tais perfis do solo foram primeiramente identificados. Perfis semelhantes encontrados subsequentemente em outros locais são designados pelo mesmo nome.

A Empresa Brasileira de Pesquisa Agropecuária – EMBRAPA – tem realizados intensos trabalhos de classificação dos solos brasileiros e atualmente, têm disponível a 2ª edição do Sistema Brasileiro de Classificação de Solos – SiBCS (2006), sendo recomendado o uso deste manual para a classificação dos solos nos diagnósticos de pedologia.

As análises do solo podem ser realizadas, especialmente, pelo profissional Geógrafo, Geólogo e Engenheiro Agrônomo, Florestal ou Ambiental. Quando nos referimos "podem ser realizadas", quer dizer que estes profissionais tem habilitação legal para isso.

2.2.2 O Meio Biótico

O diagnóstico meio biótico se divide em duas áreas: flora e fauna.

De acordo com o Vocabulário Básico de Recursos Naturais do IBGE (2004), "Flora é o conjunto de entidades taxonômicas vegetais (espécies, gêneros etc.) que compõe a vegetação de um território de dimensões consideráveis". Os diagnósticos de flora são realizados mediante Inventários

Florestais, os quais comumente seguem Instruções Normativas específicas. Geralmente, os Inventários primeiramente identificam a fitogeografia ou formação florestal e em seguida, realizam um levantamento pormenorizado e estatístico contendo uma série de parâmetros florístico-florestais, como a descrição de todos os indivíduos, estruturas paramétricas, parâmetros fito sociológicos, composição florística, descrição do sub-bosque, serrapilheira, trepadeiras, espécies indicadoras e epífitas e por fim, a identificação de Espécies Endêmicas/Ameaçadas de Extinção.

De acordo com a legislação vigente, praticamente não se pode mais suprimir nenhuma árvore sem antes passar pela análise de um especialista e os inventários compõe o instrumento mais utilizado para este fim, permitindo, ou não, após a sua conclusão, o corte de determinada quantidade de vegetação, sob as condições de compensação, reposição, etc.

Os diagnósticos de flora também são realizados para implementação de Programas de Recuperação de Áreas Degradadas – PRADs, os quais visam recuperar uma área degradada com a recomposição florestal nativa correspondente.

Os Inventários Florestais são realizados pelos profissionais Biólogos ou Engenheiros Agrônomos e Florestais e os PRADs podem ser realizados também por outros profissionais.

Os diagnósticos de fauna visam a identificação dos animais existentes na área, elaborados, geralmente, mediante uma lista de espécies para cada grupo faunístico selecionado. Os métodos utilizados podem ser por avistamento direto e também, com a identificação de vestígios, vocalização, captura e armadilhas fotográficas. A identificação de espécies ameaçadas de extinção também é um fator a ser considerado nestes levantamentos.

O Instituto Brasileiro do Meio Ambiente e dos Recursos Naturais Renováveis - IBAMA e o Ministério do Meio Ambiente - MMA são as instituições federais encarregadas de declarar mediante portarias e instruções normativas a lista das espécies de flora e fauna ameaçadas em extinção no Brasil. A nível estadual e municipal, estas listas podem ser aumentadas, mediante atuação dos órgãos ambientais atuantes nestas esferas.

Os levantamentos de fauna são realizados por profissionais Biólogos.

2.2.3 O Meio Antrópico

De acordo com SANCHEZ (2013), a definição meio antrópico é mais apropriada do que meio socioeconômico, a qual comumente (e inapropriadamente) é utilizada nos estudos ambientais no Brasil, por incluir em si a dimensão cultural das atividades humanas.

Os diagnósticos do meio antrópico envolvem análises do planejamento e gestão territorial, estudos demográficos e populacionais, do uso e ocupação do solo, da infraestrutura urbana, das atividades econômicas, da cultura, das populações tradicionais, indígenas, quilombolas, do patrimônio histórico e sítios arqueológicos. Estas análises são realizadas por profissionais Geógrafos, Sociólogos ou Historiadores e por profissionais de outras áreas com especializações *lato* ou *strictu sensu* nestas áreas.

Os estudos de Planejamento e Gestão Territorial visam conhecer os Planos Governamentais incidentes em um determinado lugar nas diferentes esferas: federal, estadual e municipal. Estas análises envolvem amplo conhecimento da legislação socioambiental e habilidades em Geoprocessamento para sobreposição de mapas, zoneamentos, classes de ocupação e uso, restrições ambientais incidentes, entre outros.

Os estudos de demografia e população visam identificar a população existente por meio de dados secundários, mediante informações estatísticas constantes nos censos do IBGE ou de outras instituições e por meio de dados primários, mediante entrevistas com a população. Estas informações são fundamentais para conhecimento da população e cultura local, quais são seus hábitos, anseios, necessidades, etc.

O processo de ocupação e uso da terra provém de uma série de fatores advindos de relações de uso e ocupação ocorrentes ao longo dos anos, entre as pessoas e o lugar. Portanto, a análise da evolução da ocupação e uso da terra é importante para a compreensão das tendências e vocações de uso da área e seu entorno. O uso de Geoprocessamento também é fundamental nestes estudos mediante o georreferenciamento de imagens aéreas históricas e o mapeamento da evolução na ocupação e uso da terra.

A análise de infraestrutura urbana divide-se em equipamentos urbanos e comunitários e tem como objetivo identificar a existência desses equipamentos no local e avaliar, entre outros, as necessidades e capacidades de absorção populacional. De acordo com a Lei do Parcelamento do Solo nº 6.766 de 1979, consideram-se urbanos os equipamentos públicos de abastecimento de água, serviços de esgotos, energia elétrica, coletas de águas pluviais, rede telefônica e gás canalizado (Art. 5º) e comunitários os equipamentos públicos de educação, cultura, saúde, lazer e similares (Art. 4º).

A identificação das atividades econômicas é importante para ampliar a compreensão da socio economia do lugar, seu nível de desenvolvimento, suas tendências de crescimento, quais os protagonistas locais, entre outros.

Cultura constitui-se em termo dotado de diversas acepções, sendo um termo empregado no senso comum e inteligível no âmbito das ideias em discussão. Em um dos eixos a cultura é vista de acordo com o papel que desempenha na sociedade. Determinada pela natureza ou pela base econômica, de um lado, ou tendo o papel de determinação, sendo então considerada como entidade supra orgânica ou, ainda, como um contexto, isto é, simultaneamente reflexo, meio e condição. No terceiro eixo, finalmente, a cultura é considerada em relação ao processo de mudança.

Dentro da ampliação do conceito de patrimônio nas últimas décadas, uma das questões abordadas está o de "paisagem cultural", desenvolvida pela UNESCO a partir dos anos 1990, que combina, de forma integrada, os conceitos de aspectos materiais e imateriais, anteriormente pensados de forma separada. A nova abordagem nos revela uma rica perspectiva para os centros urbanos tradicionais e consolidados, permitindo leituras que compreendem a interação entre os aspectos natural e cultural, material e imaterial destes conjuntos, constituindo-se num conceito ampliado que levará a proposição de estratégias integradas de intervenção, como respostas ao desafio do nosso tempo às complexas demandas da sustentabilidade urbana (CASTRIOTA, 2009).

De acordo com a Constituição Federal/1988, os conjuntos urbanos e sítios de valor histórico, paisagístico, artístico, arqueológico, paleontológico, ecológico e científico constituem-se em bens do patrimônio cultural brasileiro, cuja proteção deve ser promovida pelo Poder Público, com a colaboração da comunidade, por meio de inventários, registros, vigilância, tombamento e desapropriação, entre outros (art. 216, V e § 1º).

A proteção de documentos, obras e outros bens de valor histórico, artístico e cultural, de monumentos, de paisagens naturais notáveis e de sítios arqueológicos é competência comum da União, dos Estados, do Distrito Federal e dos Municípios, conforme o art. 23, III da Constituição Federal.

O aproveitamento econômico, a destruição ou a mutilação, para qualquer fim, de monumentos arqueológicos e pré-históricos são proibidos antes de serem devidamente pesquisados, sendo crime contra o Patrimônio Nacional qualquer atividade da qual decorra sua destruição ou mutilação (Lei nº 3.924/1961, arts. 2º e 3º). Tais procedimentos têm vistas na produção de um aprofundamento substancial no conhecimento dos bens arqueológicos representativos dos grupos humanos pré-coloniais.

Ressalta-se que os diagnósticos dos conjuntos urbanos e sítios de valor histórico, paisagístico, artístico e arqueológico podem ser realizados por profissionais Geógrafos, Sociólogos, Historiadores e Antropólogos, mas, quando identificado algum sítio arqueológico no interior de uma área de intervenção de novos empreendimentos, apenas o Arqueólogo poderá realizar o seu inventário detalhado, o seu manejo, recolhimento, etc.

Os Povos e Comunidades Tradicionais, assim como os índios e os quilombolas possuem legislações específicas e têm garantidas sua preservação cultural, no entanto, na prática, nem sempre são atendidas. O Analista Ambiental deve sempre estar atento a estas características socioespaciais do lugar de estudo, para que possa trabalhar com maior sustentabilidade ambiental.

Estes estudos do meio antrópico visam, enfim, compreender a dinâmica sociocultural de um determinado local, identificar suas qualidades, debilidades e potencialidades. Ressalta-se a Lei 6.938/1981 que estabelece a Política Nacional do Meio Ambiente, a qual em seu Art. 4ª ao enumerar os objetivos da Política Nacional do Meio Ambiente, destacam-se no seu primeiro objetivo "à compatibilização do desenvolvimento econômico-social com a preservação da qualidade do meio ambiente e do equilíbrio ecológico" (Inciso I). Assim, torna-se claro que a preservação do meio ambiente deve ser compatibilizada com o desenvolvimento social e econômico. MENDONÇA (2012) ao citar Carlos Walter Porto Gonçalves diz que é necessário tratar o ambiente integralmente e não somente parte dele, atentando para a semântica dos dois termos - meio = ambiente; ambiente = meio.

> Isso condiz à necessidade do tratamento do meio ambiente (ou inteiro) de acordo com uma postura que, embora assuma o ponto de vista de alguma especificidade do conhecimento, não perca a visão do todo. (MENDONÇA, 2012, p. 72).

Conclui-se dizendo que o analista ambiental deve mensurar as questões relacionadas com o meio ambiente sobre estas duas óticas: natural e socioeconômica, cabendo citar ROSS (2009) p. 50:

É preciso tratar e apreender esses diversos lugares, com suas diversidades naturais e sociais, no contexto de sua totalidade, ou seja, no âmbito do espaço total. É nessa perspectiva que os componentes naturais e sociais, ao serem analisados e entendidos no contexto das interações e das interdependências mútuas, possibilitam atingir o entendimento da complexidade da totalidade de um determinado espaço territorial enquanto forma, estrutura, funcionalidade e dinâmica.

2.3 O GEOPROCESSAMENTO

Segundo RODRIGUES (1993), Geoprocessamento é um conjunto de tecnologias de coleta, tratamento, manipulação e apresentação de informações espaciais, voltado para um objetivo específico. Nesse contexto, o termo Geoprocessamento denota a disciplina do conhecimento que utiliza técnicas matemáticas e computacionais para o tratamento da informação geográfica (INPE, 2019).

O manejo correto do Geoprocessamento exige do analista conhecimentos de Cartografia, Topografia, Geodésia, Sensoriamento Remoto, Fotogrametria, Sistemas

Gerenciadores de Bancos de Dados (SGBD) e Sistemas de Informação Geográfica (SIG). O uso profissional do Geoprocessamento corresponde aos Geógrafos e aos técnicos e Engenheiros Agrimensores e Cartográficos. Os demais profissionais podem realizar mapas específicos de sua área de atuação, mas nem sempre podem emitir ART.

O Geoprocessamento pode fornecer informações relevantes acerca do território e do meio ambiente como a espacialização do fenômeno da exclusão social numa grande cidade por meio de técnicas de interpolação; a identificação de remanescentes florestais específicos ou determinação de uma aptidão agrícola por meio da geoestatística e sensoriamento remoto; o mapeamento das Áreas de Preservação Permanente através da álgebra de mapas e operações de análise espacial; a identificação de áreas com suscetibilidade a processos erosivos e a inundações mediante sobreposição de dados, geoestatística, análises de superfície; entre outros.

Figura 2: *Mapa apresentando as restrições ambientais diagnosticadas em campo, as quais podem orientar o empreendedor sobre as áreas passíveis de uso e ocupação do solo.*

Fonte: Do autor, 2016.

Ressalta-se, enfim, acerca da qualidade dos trabalhos em Geoprocessamento, dois elementos fundamentais: o operador e os dados. De acordo com MIRANDA (2010), o principal componente do SIG é o conhecimento do operador:

> Um sistema informatizado, por melhor que seja, sempre requer pessoas habilitadas para usá-lo de forma eficiente. Nenhum sistema pode ser medido apenas em termo de sua performance por um determinado tipo de computador ou

porque custa muito caro. A qualidade da informação e a qualidade dos serviços prestados dependem do conhecimento da equipe que usa um sistema. (MIRANDA, 2010, p.38-39).

Sobre a importância dos dados, OLAYA (2011) p.165 ressalta: "Puesto que los datos son la base de todo el trabajo que realizamos en un SIG, su calidad es vital para que ese trabajo tenga sentido y aporte unos resultados coherentes y útiles". A implementação eficaz do Geoprocessamento em estudos e projetos socioambientais depende diretamente da qualidade dos dados utilizados: No entanto, a garantia destes, independente da forma como foram adquiridos, depende exclusivamente dos conhecimentos do operador.

2.4 AS AVALIAÇÕES DE IMPACTOS AMBIENTAIS

Se o Analista Ambiental domina o que já foi orientado anteriormente, se já possui amplo conhecimento dos sistemas ambientais, de suas interações e fluxos de matéria e energia, pode realizar as Avaliações de Impactos Ambientais – AIA – sem nenhum problema. As AIA já possuem uma técnica específica, geralmente através do preenchimento de matrizes, porém se o Analista não entende o meio ambiente analisado, se não soube fazer um diagnóstico ambiental abrangente, obviamente, esta AIA será ineficiente. É necessário ainda para a AIA, adquirir um amplo conhecimento do empreendimento/atividade, seus componentes, processos operacionais, para que o Analista possa correlacionar todos estes componentes e processos com o meio ambiente.

É importante ressaltar a Resolução CONAMA n° 01/1986 que estabelece as definições, as responsabilidades, os critérios básicos e as diretrizes gerais para uso e implementação da Avaliação de Impacto Ambiental, em seu Art.1°define impacto ambiental da seguinte maneira:

> Considera-se impacto ambiental qualquer alteração das propriedades físicas, químicas e biológicas do meio ambiente, causada por qualquer forma de matéria ou energia resultante das atividades humanas que, direta ou indiretamente, afetam:
> I - a saúde, a segurança e o bem-estar da população;
> II - as atividades sociais e econômicas;
> III - a biota;
> IV - as condições estéticas e sanitárias do meio ambiente;
> V - a qualidade dos recursos ambientais.

Sobre as Avaliações de Impactos Ambientais, SANCHEZ (2013) orienta a importância de dois conceitos: aspectos ambientais e impactos ambientais, sendo definições reconhecidas internacionalmente pela ISO 14.001. Aspectos ambientais são os elementos das atividades ou produtos ou serviços que irão interagir com o meio ambiente (ISO 14.001). Impactos ambientais são as modificações do meio ambiente, adversas ou benéficas, que resultem, no todo ou em parte, das atividades, produtos ou serviços (ISO 14.001). Impacto ambiental deve ser entendido, portanto, como qualquer modificação da qualidade ambiental e aspecto ambiental sãos os mecanismos pelos quais ocorrem estas alterações. SANCHEZ (2013) ensina que o desconhecimento destes conceitos pode comprometer a qualidade dos estudos ambientais, onde o Analista pode, às vezes, confundir Aspecto com Impacto Ambiental.

Apresenta-se a seguir alguns exemplos desta cadeia de reações entre uma atividade ou ação humana, seus aspectos e impactos ambientais:

Figura 3: Exemplo de associações entre ações humanas, aspectos e impactos ambientais.

Ação Humana	Aspecto Ambiental	Impacto Ambiental
Terraplanagem	Movimentação do solo, aplainamento, compactação	Emissão de materiais particulados, mudanças no escoamento superficial
Uso de veículos	Tráfego de veículos	Incremento no tráfego de veículos
Construção de estrada	Alocação de pavimentação e de aparelho urbano de mobilidade	Diminuição da permeabilidade do solo, incremento de equipamento de mobilidade urbana
Uso de água	Consumo de água	Redução de disponibilidade hídrica própria ou de uma concessionária
Uso de recursos descartáveis	Geração de resíduos	Incremento de resíduos

Fonte: Do autor, 2019.

Para a elaboração de uma AIA, é necessário relacionar por meio de matrizes os fatores geradores de impacto (ações humanas) com os componentes ambientais (os elementos ambientais diagnosticados previamente). Esta correlação irá gerar aspectos ambientais e impactos ambientais. Os impactos ambientais poderão ser avaliados como positivos, negativos ou neutros. Impactos positivos geralmente ocorrem com relação ao meio antrópico, para o meio físico, o impacto quase sempre é neutro ou negativo.

Entre as matrizes mais conhecidas de AIA está a de Leopold (1971), elaborada em um esforço pioneiro pelo Serviço Geológico dos Estados Unidos, relacionado 100 ações humanas com 88 componentes ambientais, possibilitando 88.000 interações possíveis (SANCHEZ, 2013).

Hoje em dia há muitas outras matrizes de AIA, as quais incluem também os aspectos ambientais, no entanto, ressalta-se que o mais importante está no conhecimento do funcionamento do sistema ambiental e das ações geradoras de impacto, a forma como o Analista irá correlacionar estes elementos pode ser de diferentes maneiras. Muitas vezes, o órgão ambiental licenciador exige o uso de um determinado modelo de matriz de AIA, portanto, o conhecimento ambiental é o mais importante nesse processo.

A **Figura 4** a seguir apresenta uma matriz de AIA adaptada de Leopold (1971) para avaliação de um Loteamento, identificando 130 interações entre os componentes e aspectos ambientais com as ações geradoras de impactos. A **Figura 5** apresenta uma outra avaliação de um empreendimento a qual, após a realização da identificação dos impactos realiza uma ponderação estatística para avaliar suas magnitudes. Nota-se alguns parâmetros com maior ou menor peso nessa avaliação, sendo a durabilidade e a reversibilidade os de maior peso.

***Figura 4**: Matriz de AIA entre os componentes ambientais e os fatores geradores de impactos decorrentes da implantação de um Loteamento.*

PROCESSOS / ELEMENTOS DO MEIO		ASPECTOS AMBIENTAIS	Atividades componentes – Fase de Implantação: Remoção da cobertura vegetal	Movimentação de terra	Operação do Canteiro de Obras	Parcelamento do Solo	Impermeabilização do Solo	Tráfego Veículos Pesados	Geração de resíduos da construção civil	TOTAL
Meio Físico	Solo	Conformação do Relevo	-1	-2	0	0	0	0	0	-3
		Qualidade do Solo	-1	-2	-2	0	0	0	-1	-6
	Ar	Qualidade do Ar	-1	-1	-1	0	-1	-1	0	-5
		Níveis de Pressão Sonora (Ruídos)	-1	-1	-2	0	-1	-1	0	-6
	Água	Qualidade das Águas Subterrâneas	-1	-1	-1	0	0	0	-1	-4
		Qualidade das Águas Superficiais	-2	-2	-2	0	0	0	-1	-7
Meio Biótico	Flora	Vegetação de restinga	-2	0	0	0	0	0	0	-2
		Vegetação ruderal	-1	0	0	0	0	0	0	-1
	Fauna	Fauna Terrestre	-1	0	-1	0	0	-2	0	-4
		Fauna Aquática	0	-1	0	0	0	0	0	-1

PROCESSOS / ELEMENTOS DO MEIO		ASPECTOS AMBIENTAIS	Atividades componentes – Fase de Operação: Tráfego de veículos	Circulação de pedestres	Consumo de água	Consumo de Energia	Drenagem Pluvial	Geração de resíduos sólidos	Geração de efluentes sanitários	Aporte Populacional	Impermeabilização do Solo	Iluminação	Construção das Edificações	Atividades Comerciais	TOTAL
Meio Físico	Solo	Conformação do Relevo	0	0	0	0	0	0	0	0	0	0	0	0	0
		Qualidade do Solo	0	0	0	0	0	0	0	0	-1	0	0	0	-1
	Ar	Qualidade do Ar	-1	0	0	0	0	0	0	0	0	0	0	0	-1
		Níveis de Pressão Sonora (Ruídos)	-1	0	0	0	0	0	0	-1	0	0	-1	0	-3
	Água	Qualidade das Águas Subterrâneas	0	0	0	0	0	0	-2	0	0	0	0	0	-2
		Qualidade das Águas Superficiais	-1	0	0	0	0	0	0	-1	-1	0	0	0	-3
Meio Biótico	Flora	Vegetação de restinga	0	0	0	0	0	0	0	0	0	0	0	0	0
		Vegetação ruderal	0	0	0	0	0	0	0	0	0	0	0	0	0
	Fauna	Fauna Terrestre	-2	-1	0	0	0	0	0	-1	-1	0	-1	0	-6
		Fauna Aquática	0	0	0	0	0	0	0	-1	0	0	0	0	-1

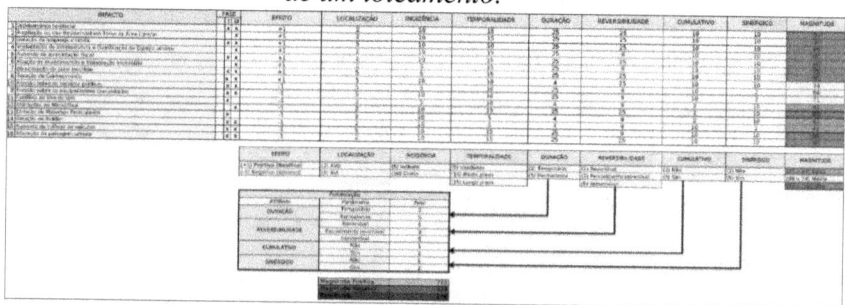

Parâmetros	
3	Impacto positivo alto
2	Impacto positivo médio
1	Impacto positivo baixo
0	Sem impacto
-1	Impacto negativo baixo
-2	Impacto negativo médio
-3	Impacto negativo alto

Fonte: Ambiens, 2016.

Figura 5: *Matriz de avaliação de impactos socio urbanísticos de um loteamento.*

Fonte: Do autor (2018).

2.5 OS PROGRAMAS E SISTEMAS DE GESTÃO AMBIENTAL

Os Programas e Sistemas de Gestão Ambiental são instrumentos utilizados para a gestão ambiental de empreendimentos e atividades. Existem dois tipos fundamentais: os obrigatórios, exigidos pelo órgão ambiental licenciador; e os não obrigatórios, adotados por empresas que anseiam gerenciar seus recursos naturais, podendo ou não implantar uma ISO Ambiental.

Os Programas e Sistemas de Gestão Ambiental obrigatórios, comumente denominados PGA ou SGA, são instrumentos do processo de licenciamento ambiental de empreendimentos e estabelecem todos os programas e ações que devem ser implementadas visando o controle, o monitoramento e/ou a mitigação dos impactos ambientais relevantes, previamente identificados no estudo ambiental realizado. Dentre os Programas Ambientais mais utilizados estão o Programa de Comunicação Social; de Educação Ambiental; de Gerenciamento dos Resíduos Sólidos; de Efluentes Líquidos; de Emissões Atmosféricas; de Emissão de Ruídos; de Prevenção de Problemas para o Sistema Viário; entre outros.

O profissional responsável pelos Programas de Gestão Ambiental deve ter amplo conhecimento das técnicas e tecnologias de eficiência ambiental para que possa, de fato, controlar os impactos ambientais decorrentes de empreendimentos/atividades.

Os Programas de Gestão Ambiental – PGA – elaboram um conjunto de diretrizes, a serem realizadas em uma empresa/atividade e se apresentam, geralmente da seguinte maneira: 1 - apresentação dos objetivos; 2 - metodologia e atividades propostas; 3 - periodicidade de avaliação e apresentação dos resultados; e 4 - identificação das pessoas responsáveis e equipes técnicas.

Apresenta-se alguns exemplos de técnicas de eficiência ambiental utilizadas em alguns programas ambientais:

1 - Programa de Comunicação Social:
- Destinar um interlocutor, o qual deverá estar apto para representar os empreendedores e seus anseios junto à comunidade de entorno e órgãos envolvidos;
- O contato deste interlocutor deverá ser bem divulgado através de placas localizadas em locais de grande circulação próxima ao empreendimento informando os meios de

contato (telefone, e-mail) visando facilitar o acesso da população;
- Para que esse procedimento ocorra com a melhor comunicação, deverá ser constituída uma ouvidoria, a fim de que o interlocutor seja a pessoa responsável em atender as solicitações e sugestões da comunidade vizinha ao novo empreendimento.

2 – Programa de Educação Ambiental:
- O empreendedor deverá promover atividades de educação ambiental, com o objetivo de conscientizar os operários da obra a conduzir a execução do empreendimento de forma a causar o menor impacto ao meio ambiente e a comunidade do entorno;
- Deverão ser ministradas palestras e treinamentos com funcionários com o intuito de incentivar a participação nos programas implantados, através da abordagem de assuntos referentes à coleta seletiva, à educação e conscientização ambiental e abordando temas que podem contribuir para a vida pessoal de cada trabalhador;

- Como forma de dar visibilidade às intenções do empreendimento de dar divulgação ao programa e tornar este mais acessível à comunidade, deverão ser elaborados e confeccionados materiais publicitários educativos e informativos, placas com informações sobre a coleta seletiva, conservação das áreas de proteção entre outros temas afins.

3 – Programa de Gerenciamento dos Resíduos Sólidos:

- Os resíduos devem ser acondicionados, separados, coletados e encaminhados para a destinação final adequada;
- A concessionária municipal responsável deve ser consultada quanto a sua capacidade e disponibilidade para coletar e dar destino adequado aos resíduos convencionais coletados;
- No canteiro de obras, segregar os resíduos de acordo com as classes estabelecidas na Resolução CONAMA nº 469/2015, a qual estabelece diretrizes, critérios e

procedimentos para a gestão dos resíduos da construção civil.

4 – Programa de Gerenciamento de Efluentes Líquidos:

- Durante a fase de obras: Adoção de sanitários químicos ou para obras muito longas adoção de sanitários hidráulicos com sistema de tratamento dos esgotos, compostos por fossas sépticas e filtro anaeróbio;
- Durante a fase de operação de empreendimentos: implantar métodos de redução de consumo de água (ex.: aeradores, controladores de vazão, torneira com acionamento automático nas áreas comuns, etc.); aproveitamento da água da chuva para descargas de bacias sanitárias e rega externa; Implantação de Estação de Tratamento de Esgoto – ETE – segundo as normas da NBR 12.209/2011 da BNT - Projeto de estações de tratamento de esgoto sanitário, ou ligação à Concessionária responsável.

5 – Programa de Gerenciamento da Qualidade do Ar:

- Cobrimento dos caminhões durante o transporte de materiais;
- Todas as atividades que sejam geradoras de material particulado, tais como: movimentações de terra, areia e entulho, transporte de agregados e materiais para obra, quebras, cortes, perfurações, lixa, entre outras atividades, devem ser evitadas em dias de baixa umidade relativa do ar, fato que potencializa a suspensão de material particulado, agravando os problemas ambientais e à saúde, inclusive dos próprios trabalhadores;
- Medições de Qualidade do ar de acordo com as normas da Resolução CONAMA nº3/1990.

6 – Programa de Gerenciamento da Emissão de Ruídos:

- Deverá ser dada prioridade à escolha de equipamentos que apresentem baixa emissão de ruídos;

- Realizar a manutenção periódica de veículos e equipamentos para eliminar problemas mecânicos que aumentem a emissão de ruídos;
- Todas as atividades que provocam aumento do nível de ruídos deverão se restringir ao horário diurno, preferencialmente das 8h às 18h para atenuar os incômodos para a população residente nas áreas vizinhas;
- Aferição dos níveis de pressão sonora no canteiro de obras e áreas circunvizinhas, de acordo com a NBR 10.151/2000 da ABNT – Avaliação de ruídos em áreas habitadas.

7 – Programa de Prevenção de Problemas para o Sistema Viário:
- Durante a fase de obras: Adoção de sinalização viária preventiva; Planejamento dos melhores horários para o tráfego dos veículos pesados; Todos os veículos pesados utilizados, além de apresentar uma eficiente regulagem e manutenção dos motores, devem estar em conformidade com as diretrizes do Programa de Controle de Poluição do Ar por

Veículos Automotores – PROCONVE, instituído em âmbito nacional pelo Conselho Nacional do Meio Ambiente – CONAMA; Toda a operação de carga/descarga deve ser realizada no interior do canteiro de obras;

- Durante a fase de operação de empreendimentos: Implantação de pista de desaceleração na porção de entrada ao empreendimento; Implantação de Trevo Alemão; Criação de Ilha de Travessia Segura; Reforço na sinalização horizontal e vertical.

Os profissionais da área ambiental em geral podem aplicar estes PGAs e SGAs, sendo, algumas vezes, necessários profissionais específicos, para execução de determinados tipos de Programas, como os de análise de qualidade da água, por exemplo, os quais podem ser realizados pelos Geólogos, Engenheiros e Gestores Ambientais.

Os Programas e Sistemas de Gestão Ambiental não obrigatórios, comumente denominados SGA são parte de um sistema da gestão de uma organização utilizada para desenvolver e implementar sua política ambiental e para gerenciar seus aspectos ambientais (ISO 14.001/2004). Qualquer profissional da área ambiental pode aplicar ou gerenciar um SGA, mas a certificação ISO 14.001 somente pode ser adquirida através de empresas e profissionais certificados pelo INMETRO para este fim.

2.6 TECNOLOGIAS AMBIENTAIS

Apesar de a Engenharia de Produção ou Elétrica não ser atividade deste profissional, o conhecimento das tecnologias ambientais, os últimos avanços ou tendências mercadológicas são importantes para o seu aperfeiçoamento. O Analista Ambiental deve se atualizar com relação aos avanços nos sistemas de energias renováveis, nas últimas inovações acerca dos carros híbridos ou das nanotecnologias.

Faz parte, sim, do dia-a-dia deste profissional orientar seus clientes com relação ao uso de tecnologias, insumos, técnicas e materiais que ocasionam menor impacto ambiental. Os custos/benefícios de implantação de um sistema de abastecimento de energia solar em um projeto de engenharia pode ser de conhecimento não apenas do Engenheiro Elétrico, mas também do Analista Ambiental. Sobre uma usina eólica, não apenas os conhecimentos de seus impactos ambientais mais conhecidos ou dos melhores lugares para sua locação, estes sim são obrigatórios, mas também, quais os últimos avanços das hélices, seus pesos, tamanhos, tipos, entre outros.

Os equipamentos criados para redução de consumos de recursos naturais, como as Lâmpadas LED (*Light Emitting Diode*) – 50% mais eficientes, durabilidade 3x maior, 98% reciclável, os sistemas de iluminação com sensores de presença ou de luz, as descargas de duplo acionamento – 50% de redução no consumo e estímulo ao consumo consciente, os sistemas de contenção hídrica e de sobrecarga na drenagem pluvial, os telhados verdes – redução das ilhas de calor e de sobrecarga na drenagem, sequestra gás carbônico e produz oxigênio, cria habitats, 2x o tempo de conservação da laje, são alguns exemplos de tecnologias de eficiência ambiental que devem ser de conhecimento deste profissional, matérias de estudo e atualização perenes.

Destacamos neste curso a tecnologia das estruturas leves, onde a redução do peso de materiais com a manutenção da estabilidade é a característica principal. Estruturas economicamente viáveis, com menor peso e menor custo, reduzem bastante o consumo de energia, tornando-se essenciais para a realização de uma sociedade sustentável. A maior parte dos materiais tem sido desenvolvidos com compósitos de fibras de carbono e no setor aeroespacial e aeronáutico, cuja competitividade depende diretamente do domínio dessas tecnologias. Entretanto, suas aplicações são potencialmente úteis a muitas outras indústrias, notadamente às indústrias automobilística e de autopeças, petróleo e gás, naval, defesa, saúde, lazer, infraestrutura e geração e transporte de energia elétrica e eólica (IPT, 2019).

Figura 6: Exemplos de estruturas leves em diferentes indústrias.

Fonte: Instituto de Pesquisas tecnológicas – IPT, 2019.

Recomenda-se a utilização de revistas científicas especializadas, como as de Engenharia de Produção (<https://www.producaoonline.org.br/rpo>; <https://www.gestaoeproducao.com/>) ou de Gestão Ambiental (<https://periodicos.uninove.br/index.php?journal=geas&pa

ge=index>;
<https://www.gvaa.com.br/revista/index.php/RBGA>), sites especialistas (<https://www.ipt.br/solucoes_tecnologicas >), acompanhamento de Blogs (https://www.hygeiasocioambiental.com.br/blog/), (<https://scienceblogs.com.br/ecodesenvolvimento/>, <http://conexaoplaneta.com.br/>), realização de cursos, etc.

Ressalta-se que o acompanhamento de Blogs deve ser feito com inteligência, há muito ideologismo por traz da maioria destes, no entanto, é importante manter-se informado sobre diversos pontos de vista.

2.7 EDUCAÇÃO AMBIENTAL

O Analista Ambiental deve estar sempre pronto para a Educação Ambiental. De acordo com a Lei nº 9.795/1999, a qual dispõe sobre a educação ambiental, institui a Política Nacional de Educação Ambiental e dá outras providências, em seu Art. 1 º define assim:

> Art. 1º Entendem-se por educação ambiental os processos por meio dos quais o indivíduo e a coletividade constroem valores sociais, conhecimentos, habilidades, atitudes e competências voltadas para a conservação do meio ambiente, bem de uso comum do

povo, essencial à sadia qualidade de vida e sua sustentabilidade.

Dentro do Mercado Profissional, a Educação Ambiental é um instrumento de atuação muito utilizado pelo Analista Ambiental. É um instrumento de gestão ambiental onde este profissional expõe por meio de conferências (**Figura 7**), cursos, reuniões, diálogos as técnicas e ferramentas utilizadas durante os processos/atividades em escopo, visando a manutenção da qualidade ambiental. Os Programas de Educação Ambiental são os mais utilizados durante as fases de obras de empreendimentos/atividades licenciadas ambientalmente.

Figura 7: Atividades de Educação Ambiental para os trabalhadores de uma usina eólica e população interessada (à esquerda) e em uma escola pública (à direita).

Fonte: Ambiens, 2015.

A Educação Ambiental atua nas esferas da sensibilização e conscientização das pessoas envolvidas, orienta sobre as atividades ambientalmente justas a serem desenvolvidas em determinado empreendimento/atividade, possibilita a aquisição de conhecimentos e habilidades capazes de induzir mudanças de atitudes, não apenas no local da atividade/serviço e considera o ambiente em seus múltiplos aspectos: natural, social, econômico, político, histórico, cultural.

Entre os conhecimentos de sensibilização e conscientização fundamentais do Analista **destacamos 3**:

✓ Os 3 princípios de sustentabilidade;
✓ Os serviços ecossistêmicos;
✓ A pegada ecológica.

Os 3 princípios de sustentabilidade

Figura 8: Os 3 princípios da sustentabilidade.

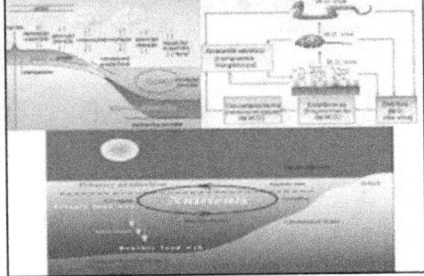

Fonte: *Google* Imagens.

- 1 - A energia solar: O Sol é a fonte primária de energias, aquece o planeta, mantém os ciclos de nutrientes e, portanto, regula toda a vida planetária. O Sol também controla as denominadas energias renováveis, como o vento e a água corrente, sendo os principais exemplos de energias renováveis para a geração de eletricidade a energia solar, eólica e hídrica, devendo ser prioridades na gestão ambiental global.

- 2 - Biodiversidade: Entende-se por biodiversidade:

> "A variabilidade de organismos vivos de todas as origens; compreendendo, dentre outros, os ecossistemas terrestres, marinhos e outros ecossistemas aquáticos e os complexos ecológicos de que fazem parte; compreendendo ainda a diversidade dentro de espécies, entre espécies e de ecossistemas" (CDB, ECO-92).

Os seres vivos são fundamentais na cadeia de nutrientes, na formação do solo, controle populacional, estoque genético, e, portanto, constituem princípio fundamental da sustentabilidade.

- 3 - Ciclagem de nutrientes: Conforme o princípio máximo de Lavoisier no séc. XVIII "Na Natureza, nada se cria, nada se perde, tudo se transforma". Assim, os Ciclos Biogeoquímicos ou ciclos de nutrientes, são os processos naturais de transformação e reposição dos elementos químicos necessários para manutenção da vida biológica. Estes elementos estão contidos livres na natureza ou fixos no solo, nas rochas, congelados ou incorporados a algum ser vivo. Os principais ciclos de nutrientes são: Água, Carbono, Oxigênio e Nitrogênio.

Os Serviços Ecossistêmicos

Figura 9: *Ligações entre os Serviços dos Ecossistemas e o Bem-Estar Humano.*

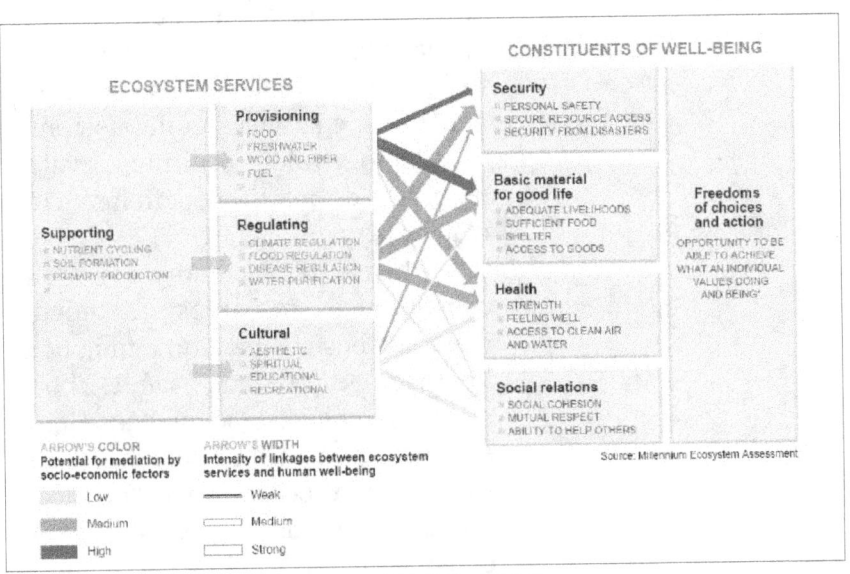

Fonte: (AEM), 2005.

A categoria de serviços ecossistêmicos surgiu como conceito unificador entre ecologia e economia na década de 1980 (FAPESP, 2014). No ano 2000 esta categoria de estudos ganha um forte incremento conceitual ao iniciar a **Avaliação Ecossistêmica do Milênio (AEM).**

ALCAMO, et. al (2003), p. 12 definem serviços ecossistêmicos e bem-estar humano da seguinte maneira:

> Os serviços dos ecossistemas são os benefícios que as pessoas recebem dos ecossistemas. Estes incluem serviços de produção como alimento e água; serviços de regulação como regulação de enchentes, de secas, da degradação dos solos, e de doenças; serviços de suporte como a formação dos solos e os ciclos de nutrientes, e serviços culturais como o recreio, valor espiritual, valor religioso e outros benefícios não-materiais.
> O bem-estar humano tem constituintes múltiplos, incluindo materiais básicos para uma vida boa, liberdade e escolha, saúde, boas relações sociais, e segurança. Bem-estar é o oposto da pobreza, a qual foi definida como uma "privação pronunciada de bem-estar". Os componentes do bem-estar, vividos e percebidos pelas pessoas, são dependentes da situação, refletindo a geografia local, a cultura e as circunstancias ecológicas.

Ressalta-se que os serviços ecossistêmicos são essenciais para a existência humana, mas a falta de informação ecológica muitas vezes impede a tomada de decisão correta por parte dos governantes (AEM, 2005).

A Pegada Ecológica

A Pegada Ecológica é uma metodologia de contabilidade ambiental que avalia a pressão do consumo das populações humanas sobre os recursos naturais. Expressada em hectares (ha) ou hectare global (gha), permite comparar diferentes padrões de consumo e verificar se estão dentro da capacidade ecológica do planeta (WWF, 2021).

Qual a quantidade de recursos naturais (terra produtiva, água e ar) necessários para manter uma pessoa ou um país, uma cidade, etc., de acordo com o seu modo de vida? Se a pegada for maior que a capacidade biológica de reconstituir os recursos renováveis e absorver os resíduos, isso representa **déficit ecológico** ou **insustentabilidade**.

A *World Wildlife Fund* (WWF) e *Global Footprint Network* (GFN) são as instituições que atualizam os dados de pegada ecológica no mundo a cada dois anos.

Segundo WWF (2021), desde o final dos anos 70 a demanda da população mundial por recursos naturais é maior do que a capacidade do planeta em renová-los. Dados recentes demonstram que estamos utilizando cerca de 50% a mais do que o que temos disponível em recursos naturais, ou seja, precisamos de um planeta e meio para sustentar nosso estilo de vida atual. Esta situação não pode perdurar, pois, desta forma, enfrentaremos em breve uma profunda crise socioambiental e uma disputa por recursos.

A **Figura 10** a seguir apresenta a Pegada Ecológica global por componente entre 1961-2008.

Figura 10: *Pegada Ecológica global por componente entre 1961-2008.*

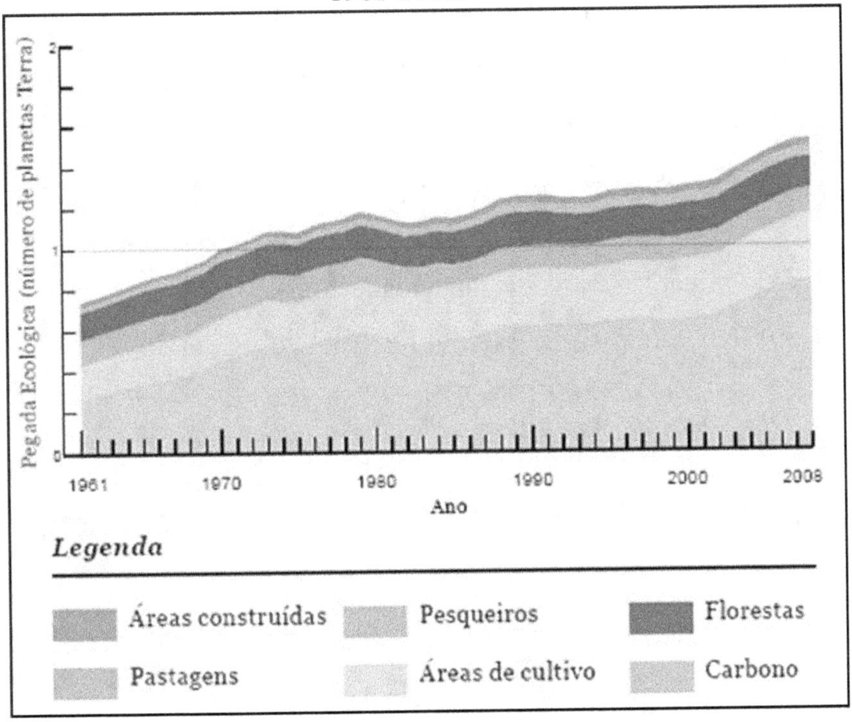

Fonte: WWF (2021).

Em resumo temos os seguintes dados globais:

- Biocapacidade Mundial: 1,8 ha/pessoa
- Pegada Global Atual: 2,7 ha/pessoa
- **Déficit Ecológico (DE)** 0,9 gha/cap.
- A humanidade necessita hoje de 1,5 planeta para manter seu padrão de consumo.

Acerca da Pegada Ecológica brasileira, esta é de 2,9 hectares globais por habitante, indicando que o consumo médio de recursos ecológicos pelo brasileiro é bem próximo da média mundial da Pegada Ecológica por habitante, equivalente a 2,7 hectares globais (WWF, 2021).

A **Figura 11** a seguir mostra uma comparação da pegada ecológica e biocapacidade brasileira com os países do BRICS (Brasil, Rússia, Índia, China e África do Sul).

Figura 11: *Comparação da pegada ecológica e biocapacidade brasileira com os países do BRICS*

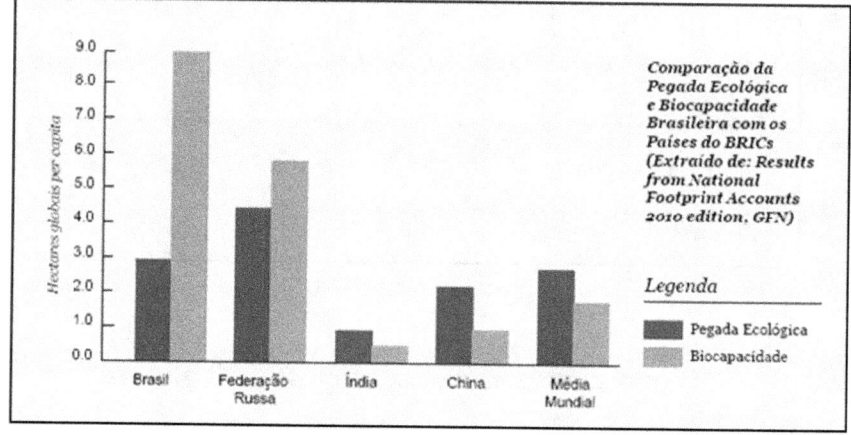

Fonte: (WWF) 2021.

Apresenta-se as pegadas ecológicas de alguns países:

- EUA: 9,7 ha/pessoa / 25% da capacidade global
- CHINA: 1,6 ha/pessoa / 18%
- JAPÃO: 4,8 ha/pessoa / 5%

- ÍNDIA: 0,8 ha/pessoa / 7%
- BRASIL: 2,9 ha/pessoa / 7%

E por fim, neste capítulo de Educação Ambiental, ressalta-se que o Analista Ambiental já deve ter pronto em seu *Storage* suas apresentações de Educação Ambiental em geral, as quais podem ser aproveitadas para os diferentes empreendimentos/atividades que forem necessários. Nelas devem conter as informações antes citadas, passando pela conscientização até as práticas a serem tomadas pelas pessoas envolvidas.

3 ANÁLISE AMBIENTAL: CONHECIMENTOS LEGAIS

Como nós já vimos ao longo deste manual, o Analista Ambiental precisa dominar os conhecimentos legais, estes impõem inúmeras regras, normas, parâmetros e condições para a ocupação e manejo socioambientais. Estudar a legislação socioambiental e se atualizar constantemente são práticas perenes e fundamentais no dia-a-dia deste profissional.

Com base em nossa larga experiência, realizamos levantamento extensivo das leis e normas para a gestão socioambiental e da vasta legislação vigente, 38 (trinta e oito) diplomas legais são considerados por nós fundamentais. No entanto, necessitamos ressaltar que, do nosso ponto de vista, lei é lei e o seu conhecimento deve ser integral. Portanto, para este capítulo, ao invés de explicar de maneira geral alguns conceitos de cada legislação e certamente tornar incompleto o conhecimento, optamos por apresentar e referenciar a legislação considerada obrigatória e essencial para o profissional Analista Ambiental.

E para facilitar o entendimento, os conhecimentos legais foram organizados em áreas: 1 - A Política Nacional do Meio Ambiente; 2 - Áreas e Populações Protegidas; 3 - Licenciamento Ambiental. - 4 - Gestão de Resíduos

Sólidos; - 5 - Gestão de Resíduos Líquidos; 6 - Gestão de Resíduos Atmosféricos; 7 - Educação Ambiental; - 8 - Crimes Ambientais.

Em cada uma destas áreas podem estar contidas leis, decretos e resoluções normativas/deliberativas de cunho socioambiental.

3.1 A POLÍTICA NACIONAL DO MEIO AMBIENTE

Esta Lei nº 6.938/1981 é a Política "mãe", a partir da qual, junto à Constituição Federal, se desenvolve toda a legislação ambiental no Brasil.

3.1.1 Lei nº 6.938 de 31 de agosto de 1981.

> Dispõe sobre a Política Nacional do Meio Ambiente, seus fins e mecanismos de formulação e aplicação, e dá outras providências.

Disponível em: < http://www.planalto.gov.br/ccivil_03/leis/l6938.htm >.

3.2 ÁREAS E POPULAÇÕES PROTEGIDAS

Nesta área de conhecimentos legais destacam-se as legislações que impõem restrições ambientais espaciais e condicionais. Denominamos restrições ambientais espaciais aquelas conformadas por áreas que têm sua ocupação e uso proibidos, salvo em casos específicos e as condicionais, aquelas que podem ser ocupadas mediante regras e condições específicas. Neste item estão inclusas também algumas legislações de cunho social e de populações protegidas.

Ao todo, são 19 diplomas legais e regimentos que devem ser de conhecimento obrigatório do profissional analista ambiental.

3.2.1 Lei nº 12.651 de 25 de maio de 2012.

> Dispõe sobre a proteção da vegetação nativa; altera as Leis nºs 6.938, de 31 de agosto de 1981, 9.393, de 19 de dezembro de 1996, e 11.428, de 22 de dezembro de 2006; revoga as Leis nºs 4.771, de 15 de setembro de 1965, e 7.754, de 14 de abril de 1989, e a Medida Provisória nº 2.166-67, de 24 de agosto de 2001, e dá outras providências.

Disponível em: < http://http://www.planalto.gov.br/ccivil_03/_Ato2011-2014/2012/Lei/L12651.htm >.

3.2.2 Lei nº 9.985 de 18 de julho de 2000.

> Regulamenta o art. 225, § 1º, incisos I, II, III e VII da Constituição Federal, institui o Sistema Nacional de Unidades de Conservação da Natureza e dá outras providências.

Disponível em: <http://www.mma.gov.br/port/conama/legiabre.cfm?codlegi=322>.

3.2.3 Lei nº11.428 de 22 de dezembro de 2006.

> Dispõe sobre a utilização e proteção da vegetação nativa do Bioma Mata Atlântica, e dá outras providências.

Disponível em: < http://www.planalto.gov.br/ccivil_03/_Ato2004-2002006/Lei/L11428.htm >.

3.2.4 Decreto nº 6.660 de 22 de dezembro de 2006.

Regulamenta dispositivos da Lei nº 11.428, de 22 de dezembro de 2006, que dispõe sobre a utilização e proteção da vegetação nativa do Bioma Mata Atlântica.

Disponível em: <http://www.planalto.gov.br/ccivil_03/_ato2007-2010/2008/decreto/d6660.htm>.

3.2.5 Lei nº 7.661 de 16 de maio de 1988.

Institui o Plano Nacional de Gerenciamento Costeiro e dá outras providências.

Disponível em: <http://www.planalto.gov.br/ccivil_03/Leis/L7661.htm>.

3.2.6 Decreto nº 10.935 de 12 de janeiro de 2022.

Dispõe sobre a proteção das cavidades naturais subterrâneas existentes no território nacional.

Disponível em: < https://www.planalto.gov.br/ccivil_03/_Ato2019-2022/2022/Decreto/D10935.htm#art12>.

3.2.7 Resolução CONAMA nº 347 de 10 de setembro de 2004.

Dispõe sobre a proteção do patrimônio espeleológico.

Disponível em: < https://www.legisweb.com.br/legislacao/?id=100790#:~:text=Resolu%C3%A7%C3%A3o%20CONAMA%20n%C2%BA%20347%20de%2010%2F09%2F2004.%20Disp%C3%B5e%20sobre,Regimento%20Interno%2C%20aprovado%20pela%20Portaria%20n%C2%BA%20499%2C%20>.

3.2.8 Lei nº 9.966, de 28 de abril de 2000.

Dispõe sobre a prevenção, o controle e a fiscalização da poluição causada por lançamento de óleo e outras substâncias nocivas ou perigosas em águas sob jurisdição nacional e dá outras providências.

Disponível em: < https://www.planalto.gov.br/ccivil_03/Leis/L9966.htm >.

3.2.9 Lei nº 3.924, de 26 de julho de 1961.

> Dispõe sobre os monumentos arqueológicos e pré-históricos.

Disponível em: < http://www.planalto.gov.br/ccivil_03/leis/1950-1969/L3924.htm >.

3.2.10 Lei nº 6.001 de 19 de dezembro de 1973.

> Dispõe sobre o Estatuto do Índio.

Disponível em: < http://www.planalto.gov.br/ccivil_03/leis/L6001.htm >.

3.2.11 Decreto nº 1.775 de 8 de janeiro de 1996.

> Dispõe sobre o procedimento administrativo de demarcação das terras indígenas e dá outras providências.

Disponível em: < http://www.planalto.gov.br/ccivil_03/decreto/D1775.htm >.

3.2.12 Decreto nº 4.887 de 20 de novembro de 2003.

> Regulamenta o procedimento para identificação, reconhecimento, delimitação, demarcação e titulação

das terras ocupadas por remanescentes das comunidades dos quilombos de que trata o art. 68 do Ato das Disposições Constitucionais Transitórias.

Disponível em: < https://www.planalto.gov.br/ccivil_03/decreto/2003/D4887.htm>.

3.2.13 Decreto nº 6.040 de 7 de fevereiro de 2007.

Institui a Política Nacional de Desenvolvimento Sustentável dos Povos e Comunidades Tradicionais.

Disponível em: < http://www.planalto.gov.br/ccivil_03/_ato2007-2010/2007/decreto/d6040.htm >.

3.2.14 Lei nº 9.760 de 5 de setembro de 1946.

Dispõe sobre os bens imóveis da União e dá outras providências.

Disponível em: < http://www.planalto.gov.br/ccivil_03/Decreto-Lei/Del9760.htm >.

3.2.15 Lei nº 6.766 de 19 de dezembro de 1979.

Dispõe sobre o Parcelamento do Solo Urbano e dá outras Providências.

Disponível em: < http://www.planalto.gov.br/ccivil_03/leis/L6766.htm >.

3.2.16 Lei nº 10.257 de 10 de julho de 2001.

Regulamenta os arts. 182 e 183 da Constituição Federal, estabelece diretrizes gerais da política urbana e dá outras providências.

Disponível em: < http://www.planalto.gov.br/ccivil_03/leis/LEIS_2001/L10257.htm >.

3.2.17 lei nº 12.587, de 3 de janeiro de 2012.

Institui as diretrizes da Política Nacional de Mobilidade Urbana; revoga dispositivos dos Decretos-Leis nºs 3.326, de 3 de junho de 1941, e 5.405, de 13 de abril de 1943, da Consolidação das Leis do Trabalho (CLT), aprovada pelo Decreto-Lei nº 5.452, de 1º de maio de 1943, e das Leis nºs 5.917, de 10 de setembro de 1973, e 6.261, de 14 de novembro de 1975; e dá outras providências.

Disponível em: < http://www.planalto.gov.br/ccivil_03/_ato2011-2014/2012/lei/l12587.htm>.

3.2.18 Lei nº 13.146, de 6 de julho de 2015.

Institui a Lei Brasileira de Inclusão da Pessoa com Deficiência (Estatuto da Pessoa com Deficiência).

Disponível em: < https://www.planalto.gov.br/ccivil_03/_ato2015-2018/2015/lei/l13146.htm>.

3.2.19 Lei nº 13.465, de 11 de julho de 2017.

Dispõe sobre a regularização fundiária rural e urbana, sobre a liquidação de créditos concedidos aos assentados da reforma agrária e sobre a regularização fundiária no âmbito da Amazônia Legal; institui mecanismos para aprimorar a eficiência dos procedimentos de alienação de imóveis da União;

altera as Leis n os 8.629, de 25 de fevereiro de 1993 , 13.001, de 20 de junho de 2014 , 11.952, de 25 de junho de 2009, 13.340, de 28 de setembro de 2016, 8.666, de 21 de junho de 1993, 6.015, de 31 de dezembro de 1973, 12.512, de 14 de outubro de 2011 , 10.406, de 10 de janeiro de 2002 (Código Civil), 13.105, de 16 de março de 2015 (Código de Processo Civil), 11.977, de 7 de julho de 2009, 9.514, de 20 de novembro de 1997, 11.124, de 16 de junho de 2005, 6.766, de 19 de dezembro de 1979, 10.257, de 10 de julho de 2001, 12.651, de 25 de maio de 2012, 13.240, de 30 de dezembro de 2015, 9.636, de 15 de maio de 1998, 8.036, de 11 de maio de 1990, 13.139, de 26 de junho de 2015, 11.483, de 31 de maio de 2007, e a 12.712, de 30 de agosto de 2012, a Medida Provisória nº 2.220, de 4 de setembro de 2001, e os Decretos-Leis n º 2.398, de 21 de dezembro de 1987, 1.876, de 15 de julho de 1981, 9.760, de 5 de setembro de 1946, e 3.365, de 21 de junho de 1941; revoga dispositivos da Lei Complementar nº 76, de 6 de julho de 1993, e da Lei nº 13.347, de 10 de outubro de 2016; e dá outras providências.

Disponível em: <http://www.planalto.gov.br/ccivil_03/_Ato2015-2018/2017/Lei/L13465.htm#art82>.

3.3 LICENCIAMENTO AMBIENTAL

Grande parte dos trabalhos do dia-a-dia deste profissional estão vinculados ao licenciamento ambiental, portanto, o domínio de seus diplomas legais é fundamental. A nível federal, destacam-se 8 regimentos de saber fundamental.

3.3.1 Lei 6.938 de 31 de agosto de 1981.

> Dispõe sobre a Política Nacional do Meio Ambiente, seus fins e mecanismos de formulação e aplicação, e dá outras providências.

Disponível em: <http://www.planalto.gov.br/ccivil_03/leis/l6938.htm>.

3.3.2 Resolução CONAMA nº 01 de 23 de janeiro de 1986.

> Estabelece as definições, as responsabilidades, os critérios básicos e as diretrizes gerais para

uso e implementação da Avaliação de Impacto Ambiental como um dos instrumentos da Política Nacional do Meio Ambiente.

Disponível em: < http://www.mma.gov.br/port/XXXonama/res/res86/res0186.html >.

3.3.3 Resolução CONAMA nº 237, de 19 de dezembro de 1997.

Dispõe sobre conceitos, sujeição, e procedimento para obtenção de Licenciamento Ambiental, e dá outras providências.

Disponível em: < https://www.legisweb.com.br/legislacao/?id=95982 >.

3.3.4 Lei nº 140 de 8 de dezembro de 2011.

Fixa normas, nos termos dos incisos III, VI e VII do caput e do parágrafo único do art. 23 da Constituição Federal, para a cooperação entre a União, os Estados, o Distrito Federal e os Municípios nas ações administrativas decorrentes do exercício da competência comum relativas à proteção das paisagens naturais notáveis, à proteção do meio ambiente, ao combate à poluição em qualquer de suas formas e à preservação das florestas, da fauna e da flora; e altera a Lei no 6.938, de 31 de agosto de 1981.

Disponível em: < https://www.legisweb.com.br/XXXegislação/?id=95982 >.

3.3.5 Decreto nº 8.437 de 22 de abril de 2015.

Regulamenta o disposto no art. 7º caput, inciso XIV, alínea "h", e parágrafo único, da Lei Complementar nº140, de 8 de dezembro de 2011, para estabelecer as tipologias de empreendimentos e atividades cujo licenciamento ambiental será de competência da União.

Disponível em: < http://www.planalto.gov.br/ccivil_03/_ato2015-2018/2015/decreto/d8437.htm>.

3.3.6 Portaria Interministerial n.º 60, de 24 de março de 2015.

Esta Portaria estabelece procedimentos administrativos que

> disciplinam a atuação da Fundação Nacional do Índio-FUNAI, da Fundação Cultural Palmares-FCP, do Instituto do Patrimônio Histórico e Artístico Nacional-IPHAN e do Ministério da Saúde nos processos de licenciamento ambiental de competência do Instituto Brasileiro do Meio Ambiente e dos Recursos Naturais Renováveis-IBAMA.

Disponível em: <https://cpisp.org.br/direitosquilombolas-leis-legislacao-federal-pi60-2015/>.

3.3.7 Instrução Normativa IPHAN nº 001 de 25 de março de 2015.

> Estabelece procedimentos administrativos a serem observados pelo Instituto do Patrimônio Histórico e Artístico Nacional nos processos de licenciamento ambiental dos quais participe.

Disponível em: <http://portal.iphan.gov.br/uploads/legislacao/INSTRUCAO_NORMATIVA_001_DE_25_DE_MARCO_DE_2015.pdf>.

3.3.8 Instrução Normativa nº 01, de 31 de outubro de 2018.

> Estabelece procedimentos administrativos a serem observados pela Fundação Cultural Palmares nos processos de licenciamento ambiental de obras, atividades ou empreendimentos que impactem comunidades quilombolas.

Disponível em: <https://www.in.gov.br/materia/-/asset_publisher/Kujrw0TZC2Mb/content/id/49477935/do1-2018-11-09-instrucao-normativa-n-1-de-31-de-outubro-de-2018-49477733>.

3.4 GESTÃO DE RESÍDUOS SÓLIDOS

Com relação à legislação de gestão ambiental de resíduos, destacamos 3 diplomas legais, em especial, a lei nº 12.305/2010 que institui a Política Nacional de Resíduos Sólidos e que é conhecida por concatenar uma série de leis e normas anteriores em uma única lei.

3.4.1 Lei nº 12.305, de 2 de agosto de 2010.

> Institui a Política Nacional de Resíduos Sólidos; altera a Lei no

9.605, de 12 de fevereiro de 1998; e dá outras providências.

Disponível em: <http://www.planalto.gov.br/ccivil_03/_ato2007-2010/2010/lei/l12305.htm>.

3.4.2 Decreto n° 10.936 de 12 de janeiro de 2022.

Regulamenta a Lei nº 12.305, de 2 de agosto de 2010, que institui a Política Nacional de Resíduos Sólidos.

Disponível em: <http://www.planalto.gov.br/ccivil_03/_ato2007-2010/2010/lei/l12305.htm>.

3.4.3 Decreto nº 10.240 de 12 de fevereiro de 2020.

Regulamenta o inciso VI do **caput** do art. 33 e o art. 56 da Lei nº 12.305, de 2 de agosto de 2010, e complementa o Decreto nº 9.177, de 23 de outubro de 2017, quanto à implementação de sistema de logística reversa de produtos eletroeletrônicos e seus componentes de uso doméstico.

Disponível em: <https://www.planalto.gov.br/ccivil_03/_Ato2019-2022/2020/Decreto/D10240.htm>.

3.5 GESTÃO DE RESÍDUOS LÍQUIDOS

Cerca da legislação de gestão de resíduos ou efluentes líquidos, destacamos 3 regimentos ambientais fundamentais.

3.5.1 Lei nº 9.433, de 8 de janeiro de 1997.

> Institui a Política Nacional de Recursos Hídricos, cria o Sistema Nacional de Gerenciamento de Recursos Hídricos, regulamenta o inciso XIX do art. 21 da Constituição Federal, e altera o art. 1º da Lei nº 8.001, de 13 de março de 1990, que modificou a Lei nº 7.990, de 28 de dezembro de 1989.

Disponível em: <http://www.planalto.gov.br/ccivil_03/LEIS/L9433.htm>.

3.5.2 Resolução CONAMA nº 357, de 17 de março de 2005.

> Dispõe sobre a classificação dos corpos de água e diretrizes

> ambientais para o seu enquadramento, bem como estabelece as condições e padrões de lançamento de efluentes, e dá outras providências.

Disponível em: < https://www.legisweb.com.br/XXXegislação/?id=102255>.

3.5.3 Resolução CONAMA nº 396 de 3 de abril de 2008.

> Dispõe sobre a classificação e diretrizes ambientais para o enquadramento das águas subterrâneas e dá outras providências.

Disponível em: < http://conama.mma.gov.br/?option=com_sisconama&task=arquivo.download&id=545>.

3.6 GESTÃO DE RESÍDUOS ATMOSFÉRICOS

Especificamente cerca da gestão de resíduos atmosféricos, esta atividade não dispõe de lei, mas dispõe de resoluções do CONAMA. Vamos destacar a nº 5/1989 que regulamenta o Programa Nacional de Controle da

Poluição do Ar – PRONAR, a nº 3/1990, que dispõe sobre padrões de qualidade do ar, previstos no PRONAR e a nº 491/2018 que atualiza a nº 3/1990. Estas compõem as instruções normativas de análise e gestão da qualidade do ar devendo ser, portanto, de conhecimento deste profissional.

3.6.1 Resolução CONAMA nº 5, de 15 de junho de 1989.

> Dispõe sobre o Programa Nacional de Controle da Poluição do Ar – PRONAR.

Disponível em: < https://www.ibama.gov.br/sophia/cnia/XXXegislação/MMA/RE0005-150689.PDF>.

3.6.2 Resolução CONAMA nº 3, de 28 de junho de 1990.

> Dispõe sobre padrões de qualidade do ar, previstos no PRONAR.

Disponível em: < https://www.ibama.gov.br/sophia/cnia/legislacao/MMA/RE0003-280690.PDF>.

3.6.3 Resolução CONAMA nº 491, de 19 de novembro de 2018.

>Esta Resolução estabelece padrões de qualidade do ar.

Disponível em: < https://www.legisweb.com.br/XXXegislação/?id=369516 >.

3.7 EDUCAÇÃO AMBIENTAL

Como já ressaltamos, a Educação Ambiental é atividade perene do profissional de Análise Ambiental, sendo fundamental, portanto, o conhecimento da Política Nacional de Educação Ambiental e seu decreto regulamentador.

3.7.1 Lei nº 9.795 de 27 de abril de 1999.

>Dispõe sobre a educação ambiental, institui a Política Nacional de Educação Ambiental e dá outras providências.

Disponível em: <http://www.planalto.gov.br/ccivil_03/leis/l9795.htm>. Acesso em 2022.

3.7.2 Decreto n° 4.281 de 25 de junho de 2002.

> Regulamenta a Lei n° 9.795, de 27 de abril de 1999, que institui a Política Nacional de Educação Ambiental, e dá outras providências.

Disponível em: <https://www.planalto.gov.br/ccivil_03/decreto/2002/d4281.htm>.

3.8 CRIMES AMBIENTAIS

Considerado um marco para as ciências ambientais e para o Direito Ambiental, a Lei n° 9.605/1998 regulamenta os crimes ambientais, seus tipos, agravantes, penas, entre outras informações relevantes.

3.8.1 Lei n° 9.605, de 12 de fevereiro de 1998.

> Dispõe sobre as sanções penais e administrativas derivadas de condutas e atividades lesivas ao meio ambiente, e dá outras providências.

Disponível em: <http://www.planalto.gov.br/ccivil_03/leis/L9605.htm>. Acesso em 2022.

4 CONSIDERAÇÕES FINAIS

Analista Ambiental é a profissão comumente registrada em Carteira dos profissionais de diversas áreas que atuam na área de Consultoria Ambiental. Vimos que estes profissionais têm amplo leque de atividades, responsabilidades e saberes, os quais, em última síntese, se dividem em duas áreas: técnica e legal.

Os saberes técnicos são aqueles relacionados à sua área de formação, ou seja, são conhecimentos técnicos e científicos que visam diagnosticar, analisar e entender o meio ambiente segundo determinado modelo teórico-metodológico. Os saberes legais são aquele conjunto de leis, decretos, resoluções e normas que regem, regulamentam, normatizam, impõem regras e condições para a ocupação e manejo ambientais.

A profissão Analista Ambiental ocupa importante papel frente à sociedade, visto ser este profissional aquele que faz a intermediação entre o desenvolvimento socioeconômico e a preservação da qualidade ambiental. Exige, portanto, deste profissional, saber especialista, não apenas de sua área de formação, mas das ciências ambientais em geral, e da legislação que rege o meio ambiente.

Resumidamente, os objetivos deste manual foram o de organizar e apresentar os saberes técnicos e legais que compõem o conhecimento deste profissional, os quais não são ensinados de forma objetiva nas Universidades e Cursos Técnicos. Ademais, buscou-se criar um material de bases sólidas para os profissionais de Análise Ambiental de todos os níveis, do Júnior ao Sênior, para que pudessem ter um documento de análise, estudo, consulta e revisão sempre que o necessite.

Consideramos que estes objetivos foram atendidos.

5 REFERÊNCIAS

AEM. Avaliação Ecossistêmica do Milênio. Relatório-Síntese da Avaliação Ecossistêmica do Milênio. Millennium Ecosystem Assessment, 2005. Disponível em: <http://www.millenniumassessment.org/es/index.html>. Acesso em 2016.

ALCAMO, J.; [et al.] 2003. Ecosystems and human well-being: a framework for assessment. Washington, D.C., USA, Island Press. 245p. Disponível em: <https://www.cifor.org/knowledge/publication/1866>. Acesso em 2021. AMBIENS. Consultoria e Projetos Ambientais. Disponível em: < http://www.ambiensconsultoria.com.br/>.

ANA. Agência Nacional de Águas; ANDREU, Vicente. Thesaurus. Brasília, 2014.

ABNT. Associação Brasileira de Normas Técnicas. NBR 14.001: Sistemas de Gestão Ambiental – Requisitos e orientações para uso. Rio de Janeiro, ABNT, 2004.

BRASIL. Lei nº 9.760 de 5 de setembro de 1946. Dispõe sobre os bens imóveis da União e dá outras providências. Disponível em: < http://www.planalto.gov.br/ccivil_03/Decreto-Lei/Del9760.htm>.

BRASIL. Lei nº 3.924, DE 26 de julho de 1961. Dispõe sobre os monumentos arqueológicos e pré-históricos. Disponível em < http://www.planalto.gov.br/ccivil_03/leis/1950-1969/L3924.htm>.

BRASIL. Lei nº 6.001, de 19 de dezembro de 1973. Dispõe sobre o Estatuto do Índio. Disponível em < http://www.planalto.gov.br/ccivil_03/leis/L6001.htm>.

BRASIL. Lei nº 6.766, de 19 de dezembro de 1979. Dispõe sobre o Parcelamento do Solo Urbano e dá outras Providências. Disponível em < http://www.planalto.gov.br/ccivil_03/leis/L6766.htm>.

BRASIL. Lei n.º 6.938, de 31 de agosto de 1981. Dispõe sobre a Política Nacional do Meio Ambiente, seus fins e mecanismos de formulação e aplicação, e dá outras providências. Disponível em: <http://www.planalto.gov.br/ccivil_03/leis/l6938.htm>.

BRASIL. Lei nº 7.661 de 16 de maio de 1988. Institui o Plano Nacional de Gerenciamento Costeiro e dá outras providências. Disponível em: < http://www.planalto.gov.br/ccivil_03/Leis/L7661.htm>.

BRASIL. Decreto nº1.775, de 8 de janeiro de 1996. Dispõe sobre o procedimento administrativo de demarcação das terras indígenas e dá outras providências. Disponível em: < http://www.planalto.gov.br/ccivil_03/decreto/D1775.htm>.

BRASIL. Lei nº 9.433/1997. Institui a Política Nacional de Recursos Hídricos, cria o Sistema Nacional de Gerenciamento de Recursos Hídricos, regulamenta o inciso XIX do art. 21 da Constituição Federal, e altera o art. 1º da Lei nº 8.001, de 13 de março de 1990, que modificou a Lei nº 7.990, de 28 de dezembro de 1989. Disponível em: < http://www.planalto.gov.br/ccivil_03/LEIS/L9433.htm>.

BRASIL. Lei nº 9.605, de 12 de fevereiro de 1998. Dispõe sobre as sanções penais e administrativas derivadas de condutas e atividades lesivas ao meio ambiente, e dá outras providências. Disponível em: < http://www.planalto.gov.br/ccivil_03/leis/L9605.htm >.

BRASIL. Lei nº 9.795, de 27 de abril de 1999. Dispõe sobre a educação ambiental, institui a Política Nacional de Educação Ambiental e dá outras providências. Disponível em: < http://www.planalto.gov.br/ccivil_03/leis/l9795.htm>.

BRASIL. Lei nº 9.966, de 28 de abril de 2000. Dispõe sobre a prevenção, o controle e a fiscalização da poluição causada por lançamento de óleo e outras substâncias nocivas ou perigosas em águas sob jurisdição nacional e dá outras providências. Disponível em: < https://www.planalto.gov.br/ccivil_03/Leis/L9966.htm >.

BRASIL. Lei nº9.985, de 18 de julho de 2000. Regulamenta o art. 225, § 1º, incisos I, II, III e VII da Constituição Federal, institui o Sistema Nacional de Unidades de Conservação da Natureza e dá outras providências. Disponível em: < http://www.mma.gov.br/port/conama/legiabre.cfm?codlegi=322>.

BRASIL. Lei nº 10.257/2001. Regulamenta os arts. 182 e 183 da Constituição Federal, estabelece diretrizes gerais da política urbana e dá outras providências. Disponível em: < http://www.planalto.gov.br/ccivil_03/leis/LEIS_2001/L10257.htm>.

BRASIL. Decreto nº 4.281 de 25 de junho de 2002. Regulamenta a Lei nº 9.795, de 27 de abril de 1999, que institui a Política Nacional de Educação Ambiental, e dá outras providências. Disponível em: <

https://www.planalto.gov.br/ccivil_03/decreto/2002/d4281.htm>.

BRASIL. Decreto nº 4.887, de 20 de novembro de 2003. Regulamenta o procedimento para identificação, reconhecimento, delimitação, demarcação e titulação das terras ocupadas por remanescentes das comunidades dos quilombos de que trata o art. 68 do Ato das Disposições Constitucionais Transitórias. Disponível em: < https://www.planalto.gov.br/ccivil_03/decreto/2003/D4887.htm>.

BRASIL. Lei nº 11.428, de 22 de dezembro de 2006. Dispõe sobre a utilização e proteção da vegetação nativa do Bioma Mata Atlântica, e dá outras providências. Disponível em <http://www.planalto.gov.br/ccivil_03/_Ato2004-2002006/Lei/L11428.htm>.

BRASIL. Decreto nº 6.040 de 7 de fevereiro de 2007. Disponível em: < http://www.planalto.gov.br/ccivil_03/_ato2007-2010/2007/decreto/d6040.htm>.

BRASIL. Lei n.º 6.660, de 21 de novembro de 2008. Regulamenta dispositivos da Lei nº 11.428, de 22 de dezembro de 2006, que dispõe sobre a utilização e proteção da vegetação nativa do Bioma Mata Atlântica. Disponível em: < http://www.planalto.gov.br/ccivil_03/_ato2007-2010/2008/decreto/d6660.htmt>.

BRASIL. Lei nº 12.305/2010. Institui a Política Nacional de Resíduos Sólidos; altera a Lei nº 9.605, de 12 de fevereiro de 1998; e dá outras providências. Disponível em: < http://www.planalto.gov.br/ccivil_03/_ato2007-2010/2010/lei/l12305.htm>.

BRASIL. Lei n° 140/2011. Disponível em: <http://www.planalto.gov.br/ccivil_03/LEIS/LCP/Lcp140.htm>.

BRASIL. Lei n° 12.587, de 3 de janeiro de 2012. Institui as diretrizes da Política Nacional de Mobilidade Urbana; revoga dispositivos dos Decretos-Leis n°s 3.326, de 3 de junho de 1941, e 5.405, de 13 de abril de 1943, da Consolidação das Leis do Trabalho (CLT), aprovada pelo Decreto-Lei n° 5.452, de 1° de maio de 1943, e das Leis n°s 5.917, de 10 de setembro de 1973, e 6.261, de 14 de novembro de 1975; e dá outras providências. Disponível em: < http://www.planalto.gov.br/ccivil_03/_ato2011-2014/2012/lei/l12587.htm>.

BRASIL. Lei Federal n° 12.651, de 25 de maio de 2012. Dispõe sobre a proteção da vegetação nativa. Disponível em: <http://http://www.planalto.gov.br/ccivil_03/_Ato2011-2014/2012/Lei/L12651.htm>.

BRASIL. Decreto n° 8.437 de 22 de abril de 2015. Regulamenta o disposto no art. 7° caput, inciso XIV, alínea "h", e parágrafo único, da Lei Complementar n° 140, de 8 de dezembro de 2011, para estabelecer as tipologias de empreendimentos e atividades cujo licenciamento ambiental será de competência da União. Disponível em: < http://www.planalto.gov.br/ccivil_03/_ato2015-2018/2015/decreto/d8437.htm>.

BRASIL. Lei n° 13.146, de 6 de julho de 2015. Institui a Lei Brasileira de Inclusão da Pessoa com Deficiência (Estatuto da Pessoa com Deficiência). Disponível em: < https://www.planalto.gov.br/ccivil_03/_ato2015-2018/2015/lei/l13146.htm>.

BRASIL. Lei nº 13.465, de 11 de julho de 2017. Dispõe sobre a regularização fundiária rural e urbana, sobre a liquidação de créditos concedidos aos assentados da reforma agrária e sobre a regularização fundiária no âmbito da Amazônia Legal; institui mecanismos para aprimorar a eficiência dos procedimentos de alienação de imóveis da União; altera as Leis n os 8.629, de 25 de fevereiro de 1993 , 13.001, de 20 de junho de 2014 , 11.952, de 25 de junho de 2009, 13.340, de 28 de setembro de 2016, 8.666, de 21 de junho de 1993, 6.015, de 31 de dezembro de 1973, 12.512, de 14 de outubro de 2011 , 10.406, de 10 de janeiro de 2002 (Código Civil), 13.105, de 16 de março de 2015 (Código de Processo Civil), 11.977, de 7 de julho de 2009, 9.514, de 20 de novembro de 1997, 11.124, de 16 de junho de 2005, 6.766, de 19 de dezembro de 1979, 10.257, de 10 de julho de 2001, 12.651, de 25 de maio de 2012, 13.240, de 30 de dezembro de 2015, 9.636, de 15 de maio de 1998, 8.036, de 11 de maio de 1990, 13.139, de 26 de junho de 2015, 11.483, de 31 de maio de 2007, e a 12.712, de 30 de agosto de 2012, a Medida Provisória nº 2.220, de 4 de setembro de 2001, e os Decretos-Leis n º 2.398, de 21 de dezembro de 1987, 1.876, de 15 de julho de 1981, 9.760, de 5 de setembro de 1946, e 3.365, de 21 de junho de 1941; revoga dispositivos da Lei Complementar nº 76, de 6 de julho de 1993, e da Lei nº 13.347, de 10 de outubro de 2016; e dá outras providências. Disponível em: < http://www.planalto.gov.br/ccivil_03/_Ato2015-2018/2017/Lei/L13465.htm#art82>.

BRASIL. Decreto nº 10.240 de 12 de fevereiro de 2020. Regulamenta o inciso VI do caput do art. 33 e o art. 56 da Lei nº 12.305, de 2 de agosto de 2010, e complementa o Decreto nº 9.177, de 23 de outubro de 2017, quanto à implementação de sistema de logística reversa de produtos eletroeletrônicos e seus componentes de uso doméstico. Disponível em: <

https://www.planalto.gov.br/ccivil_03/_Ato2019-2022/2020/Decreto/D10240.htm>. Acesso em 2022.

BRASIL. Decreto nº 10.935 de 12 de janeiro de 2022. Dispõe sobre a proteção das cavidades naturais subterrâneas existentes no território nacional. Disponível em: < https://www.planalto.gov.br/ccivil_03/_Ato2019-2022/2022/Decreto/D10935.htm#art12>.

BRASIL. Decreto nº 10.936 de 12 de janeiro de 2022. Regulamenta a Lei nº 12.305, de 2 de agosto de 2010, que institui a Política Nacional de Resíduos Sólidos. Disponível em: < http://www.planalto.gov.br/ccivil_03/_ato2007-2010/2010/lei/l12305.htm>.

BRASIL. Resolução CONAMA nº 001/1986. Estabelece as diretrizes gerais para uso e implementação da Avaliação de Impacto Ambiental como um dos instrumentos da Política Nacional do Meio Ambiente. Disponível em: < http://www.mma.gov.br/port/conama/res/res86/res0186.html>.

BRASIL. Resolução CONAMA nº 5/1989. Disponível em: < http://www2.mma.gov.br/port/conama/legiabre.cfm?codlegi=81>.

BRASIL. Resolução CONAMA nº 3/1990. Disponível em: < http://www2.mma.gov.br/port/conama/legiabre.cfm?codlegi=100>.

BRASIL. Resolução CONAMA nº 237/1997. Disponível em: < http://www2.mma.gov.br/port/conama/res/res97/res23797.html >.

BRASIL. Resolução CONAMA nº 347 de 10 de setembro de 2004. Dispõe sobre a proteção do patrimônio espeleológico. Disponível em: < https://www.legisweb.com.br/legislacao/?id=100790#:~:text=Resolu%C3%A7%C3%A3o%20CONAMA%20n%C2%BA%20347%20de%2010%2F09%2F2004.%20Disp%C3%B5e%20sobre,Regimento%20Interno%2C%20aprovado%20pela%20Portaria%20n%C2%BA%20499%2C%20>.

BRASIL. Resolução CONAMA nº 396/2008. Disponível em: < https://www.legisweb.com.br/legislacao/?id=108784>.

BRASIL. Resolução CONAMA nº 491, de 19 de novembro de 2018. Esta Resolução estabelece padrões de qualidade do ar. Disponível em: < https://www.legisweb.com.br/legislacao/?id=369516 >.

BRASIL. Portaria Interministerial n.º 60, de 24 de março de 2015. Esta Portaria estabelece procedimentos administrativos que disciplinam a atuação da Fundação Nacional do Índio-FUNAI, da Fundação Cultural Palmares-FCP, do Instituto do Patrimônio Histórico e Artístico Nacional-IPHAN e do Ministério da Saúde nos processos de licenciamento ambiental de competência do Instituto Brasileiro do Meio Ambiente e dos Recursos Naturais Renováveis-IBAMA. Disponível em: <https://cpisp.org.br/direitosquilombolas-leis-legislacao-federal-pi60-2015/>.

BRASIL. Instrução Normativa IPHAN nº 001, de 25 de março e 2015. Estabelece procedimentos administrativos a serem observados pelo Instituto do Patrimônio Histórico e Artístico Nacional nos processos de licenciamento ambiental dos quais participe. Disponível em: <http://portal.iphan.gov.br/uploads/legislacao/INSTRUCA

O_NORMATIVA_001_DE_25_DE_MARCO_DE_2015.pdf>.

BRASIL. Instrução Normativa n° 01, de 31 de outubro de 2018. Estabelece procedimentos administrativos a serem observados pela Fundação Cultural Palmares nos processos de licenciamento ambiental de obras, atividades ou empreendimentos que impactem comunidades quilombolas. Disponível em: <https://www.in.gov.br/materia/-/asset_publisher/Kujrw0TZC2Mb/content/id/49477935/do1-2018-11-09-instrucao-normativa-n-1-de-31-de-outubro-de-2018-49477733>.CASTRIOTA, L.B. Patrimônio Cultural. Conceitos, políticas, instrumentos. São Paulo: Annablume; Belo Horizonte: IEDS, 2009.

CHRISTOFOLETTI, A. Geomorfologia. 2.ed. São Paulo: Editora Blucher, 1980. 188 p.

CHRISTOFOLETTI, A. Modelagem de sistemas ambientais. São Paulo: Edgard Blucher, 1ª ed. 1999. 236p.

EMBRAPA. Empresa Brasileira de Pesquisa Agropecuária. Sistema Brasileiro de Classificação dos solos. 2. Ed. Rio de Janeiro: EMBRAPA –SPI, 2006.

FAPESP. Fundação de Amparo à Pesquisa no estado de São Paulo. Santos, Rosely. O contexto histórico da definição conceitual de serviços ecossistêmicos. 2014.

IBGE. Instituto Brasileiro de Geografia e Estatística. Glossário Geológico. Rio de Janeiro, 1999.

IBGE. Instituto Brasileiro de Geografia e Estatística. Vocabulário Básico de Recursos Naturais e Meio Ambiente. Rio de Janeiro. 2ª ed. 2004.

IBGE. Instituto Brasileiro de Geografia e Estatística. Manual Técnico de Pedologia. Rio de Janeiro, 2015.

INPE. Instituto Nacional de Pesquisas Espaciais. CPTEC – Centro de Previsão de Tempo e Estudos Climáticos. Glossário. Disponível em: <http://www.cptec.inpe.br/glossario.shtml#39>. Acesso em: 04/07/2012.

INPE. Instituto Nacional de Pesquisas Espaciais. Introdução à Ciência da Geoinformação. Disponível em: < http://www.dpi.inpe.br/gilberto/livro/introd/index.html>. Acesso em set. 2019.

IPT. Instituto de Pesquisas Tecnológicas. Soluções Tecnológicas. Disponível em: < https://www.ipt.br/solucoes_tecnologicas >. Acesso em set. 2019.

MENDONÇA, F. Geografia e meio ambiente. São Paulo: Contexto, 9ª ed., 2012. 80p.

MIRANDA, J. Fundamentos de sistemas de informações geográficas. Brasília: Embrapa, 2010.

OLAYA, V. Sistemas de Información Geográfica. V.1 rev., 2011.

RODRIGUES, M. Introdução ao Geoprocessamento. In: *SIMPÓSIO BRASILEIRO DE GEOPROCESSAMENTO*, 1990, São Paulo. Anais. São Paulo: Universidade de São Paulo, 1993.

ROSS, J. Ecogeografia do Brasil: Subsídios para Planejamento Ambiental. São Paulo: Oficina de Textos, 2009. 208 p.

SANCHEZ, L. Avaliação de Impacto Ambiental: conceitos e métodos. 2 ed. São Paulo: Oficina de textos, 2013. 583 p.

TRICART, J. Ecodinâmica. Rio de Janeiro: IBGE, 1977. 91 p.

WWF. World Wildlife Fund. Pegada Ecológica. Disponível em: <https://www.wwf.org.br/natureza_brasileira/especiais/pegada_ecologica/>. Acesso em 2021.

6 SOBRE O AUTOR

Geógrafo Habilitado, Especialista em Geoprocessamento, Planejamento Urbano e Gestão Ambiental. Trabalha com Consultoria Ambiental desde 2015, possui até o momento, 170 Anotações de Responsabilidade Técnica - ART - para projetos de planejamento urbano, estudos de impactos de vizinhança, estudos de impactos ambientais, gestão ambiental, entre outros. Desenvolve também cursos *online* e presenciais nas áreas de consultoria, geoprocessamento e análise socioambiental.

www.ingramcontent.com/pod-product-compliance
Lightning Source LLC
Chambersburg PA
CBHW070236220526
45465CB00004B/1440